孙宝国，中国工程院院士。北京工商大学校长，食品学院教授。兼任中国轻工业联合会副会长、中国食品科学技术学会副理事长、中国食品添加剂和配料协会副理事长。构建了肉香味含硫化合物分子特征结构单元模型，开发一系列肉香味食品香料制造技术，奠定了我国3-呋喃硫化物系列和不对称二硫醚类食品香料制造技术基础；凝练出“味料同源”的中国特色肉味香精制造理念，开发以畜禽肉、骨、脂肪为主要原料的肉味香精制造技术，奠定了我国肉味香精制造技术基础。3次获得国家科学技术进步二等奖、1次国家技术发明奖二等奖。

中国工程院院士
孙宝国◎主编

“十二五”
国家重点图书

# 躲不开的食品添加剂

院士、教授告诉你食品添加剂背后的那些事

化学工业出版社
·北京·

本书是一本系统介绍食品添加剂的科普读物，所涉及的118个问题，是在问卷调查的基础上筛选出来的。这些问题涉及食品添加剂的基本概念，国内外食品添加剂标准及监管，在食品加工制造中怎样使用食品添加剂，食品添加剂的风险评估和使用中的安全性，以及近几年出现的波及食品添加剂的食品安全事件。全书分为概念篇、管理篇、应用篇和安全篇，对涉及的问题，作者依据《食品安全法》、《食品添加剂使用标准》等法律、法规，从专业的角度，用科学、通俗的语言对其进行了解读和说明，力图消除公众对食品添加剂的疑虑、困惑和不解，以便对食品添加剂有更准确、科学、系统、清晰的认知。

**图书在版编目（CIP）数据**

躲不开的食品添加剂——院士、教授告诉你食品添加剂背后的那些事/孙宝国主编．—北京：化学工业出版社，2012.7（2025.5重印）

ISBN 978-7-122-14343-3

Ⅰ.躲…　Ⅱ.孙…　Ⅲ.食品添加剂-基本知识
Ⅳ.TS202.3

中国版本图书馆CIP数据核字（2012）第103559号

责任编辑：赵玉清　　文字编辑：周　倜
责任校对：周梦华　　装帧设计：尹琳琳

出版发行：化学工业出版社（北京市东城区青年湖南街13号　邮政编码100011）
印　　装：北京新华印刷有限公司
880mm×1230mm　1/32　印张6　字数123千字
2025年5月北京第1版第17次印刷

购书咨询：010-64518888
售后服务：010-64518899
网　　址：http://www.cip.com.cn
凡购买本书，如有缺损质量问题，本社销售中心负责调换。

定　　价：45.00元

# 离不开的食品添加剂

孙宝国

一直都在用，从来不知道，突然听人说，吓了一大跳。

食品添加剂，生活躲不开，正确来理解，莫把它错怪。

安全先评估，品种需批准，生产要许可，使用有规则。

能不加不加，能少加少加，如果必需加，标准规范它。

不能超范围，不能超限量，若有谁违抗，可能进牢房。

非法滥添加，殃民祸国家，坚决要打击，绝不能姑息。

那三聚氰胺，食品不准加，有人非法加，法律制裁他。

声称无添加，王婆在卖瓜，到底加没加，谁来监管它？

合法添加剂，从未出问题，安全又合理，无须去质疑。

椒桂能调味，黄帝就知道，桂皮和花椒，都是香辛料。

桂油花椒油，食品用香料，使用更方便，如今很常见。

桂油主成分，名叫肉桂醛，源于大自然，合成也不难。

天然和合成，结构都相同，安全性一样，差在心理上。

卤水点豆腐，营养价值高，吃了两千年，美食少不了。

学名氯化镁，加水变卤水，不但豆腐好，还有豆腐脑。

豆腐虽好吃，卤水不能喝，要是不知道，想想杨白劳。

婴幼儿奶粉，营养要强化，加点氯化镁，为了好娃娃。

当年诸葛亮，七次擒孟获，将士牺牲多，泸水难渡过。

英灵要祭奠，得用蛮人头，岂可杀生人，发明大馒头。

家里蒸馒头，饼屋烤面包，复合泡打粉，如今很畅销。

柑橘要保鲜，打蜡来实现，蜡是被膜剂，隋朝已发现。

祖先好发明，后人未光大，美国人学走，蛇果销全球。

南宋卖国贼，名字叫秦桧，诡计害岳飞，人民很气愤。

路边小吃摊，义愤油炸桧，咬着牙吃掉，从此有油条。

油条很膨松，明矾立头功，距今八百年，美味世代传。

金华金火腿，宣威银火腿，技术很独到，色好味更好。

为防腐护色，先人费琢磨，用亚硝酸盐，问题全解决。

本是高技术，当年未保护，马可波罗游，偷偷学到手。

趁人不注意，传回意大利，洋人很好奇，生的就去吃。

皮蛋松花蛋，好吃又好看，松花蛋要好，石灰不能少。

调味品鸡精，家家都在用，原料是肉鸡，也有“I + G”。

可乐能提神，功在咖啡因，可乐变零度，要加蔗糖素。

糖醇口香糖，护齿又无糖，各种冰淇淋，色香味宜人。

外国巧克力，国内难匹敌，差别有技术，也有添加剂。

干红葡萄酒，营养挺丰富，要想长期存，首先要防腐。

啤酒很畅销，防腐不可少，加二氧化碳，问题解决了。

酸度调节剂，应用很普遍，汽水苏打水，馒头和饼干。

以前食用油，哈味很常见，添加抗氧剂，酸败不易现。

食品添加剂，一点不可怕，食品要美好，根本少不了。

许可名单中，品种常变化，旧的需淘汰，新的要增加。

中国品种少，问题就来了，人有我没有，监管很犯愁。

国外好食品，进口不进口？进口不合规，不进没理由。

食品品质好，添加免不了，国外添加多，咱们添加少。

人加咱不加，竞争不过他，人加咱也加，公平你我他。

最近几十年，一直在跟跑，如果不努力，落后免不了。

思想先解放，行动紧跟上，安全有保障，国人定无恙。

（注释：“I + G”为两种增味剂）

# 序

《躲不开的食品添加剂——院士、教授告诉你食品添加剂背后的那些事》即将付梓。可喜可贺。本书是在食品安全受到广泛关注，食品添加剂又经常被牵扯其中的重要时刻编写出版的，很有意义。

人类为保藏食物、改善食物品质和加工食品而使用功能性配料的历史相当久远。公元前1500年的埃及墓碑上描绘有人工着色的糖果；中国在周朝时即已开始使用肉桂增香；在公元25年的东汉时期，制作豆腐时就已经使用盐卤作凝固剂，并一直流传至今；公元6世纪北魏末年农业科学家贾思勰所著的《齐民要术》中记载了从植物中提取天然色素以及应用的方法；大约在800年前的南宋时就已经在腊肉生产使用亚硝酸盐，作为肉制品防腐和护色技术于公元13世纪传入欧洲。以现代的观点和概念，这些都是食品添加剂在食品加工制造中应用的典型范例。

现代生活提高了人们对食品品种和质量的要求。人类对食品最基本要求是：营养、安全、美味。食品不仅仅是人类赖以生存的基础，随着收入的增加和生活水平的提高，人类对食品品质的要求随之提高，因此，食品工业和餐饮业的发展对改善人类的食物品质、在方便人民生活、提高体质等方面都具有特别重要的意义，其中食品添加剂担当着决定性的角色。可以说，食品添加剂是食品工业的灵魂，没有食品添加剂就没有现代食品工业。

近几年来，从“瘦肉精猪肉”、“三聚氰胺奶粉”到“染色馒头”等，食品安全问题频频曝光，老百姓的食品安全感愈来愈差。谈到食品安全，很多人就会想到食品添加剂，误认为食品安全问题就是食品添加剂造成的。

食品添加剂是一个国家科学技术和经济发展水平的标志之一，越是发达国家，食品添加剂的品种越丰富，人均消费量越大。那么到底食品添加剂是什么？食品添加剂有害吗？食品添加剂与食品安全又是什么关系？食品中必须有食品添加剂吗？本书中，孙宝国院士等一批学者用科学、通俗的语言一一告诉你，食品添加剂背后的故事。

本书的出版和传播无疑将会让公众正确认识食品添加剂和食品安全问题，释疑解惑、正本清源，增强公众辨别能力，消除消费者的理解误区和心理恐慌，对维护社会稳定、普及食品添加剂与安全知识起到积极的推动作用。

借此机会，我衷心希望社会能够形成崇尚科学、尊重知识的良好社会氛围。

是为序。

中国工程院院士　庞国芳

2012年5月16日

2008年“三聚氰胺”事件引起了中国公众对食品的深切疑虑，食品安全问题开始受到空前重视，食品添加剂更是受到广泛质疑。但是，正如2011年4月18日温家宝总理痛斥近年来祸害百姓的毒奶粉、瘦肉精时所说“这些恶性的食品安全事件足以表明，诚信的缺失、道德的滑坡已经到了何等严重的地步”，食品安全问题屡禁不止有其深刻的社会原因。食品添加剂成为食品安全问题的“替罪羊”，则是因为公众对食品添加剂缺乏准确、科学、系统的认知。食品安全成为社会热点，各种媒体争相报道，食品添加剂经常被牵扯其中；食品添加剂涉及多个学科，专业性极强，非专业学者很难讲清楚其中原委，因此，时常出现个别非本专业领域专家对食品添加剂错误的解读误导公众的情况，造成公众的误解越来越深，引起更大的社会恐慌，对食品添加剂的误解已经影响到了经济发展和社会稳定。

普及食品添加剂科学知识和相关法规已经到了刻不容缓的地步。

为此，我们动员了北京工商大学、中国海洋大学、中国农业大学、浙江大学、福州大学、浙江万里学院等6所高校食品专业研究生和本科生，在北京、浙江、山东、福建、广东、辽宁、山东等近30个省市地区的城市、乡镇和农村发放了1万余份有关食品添加剂的调查问卷，通过对这些问卷的整理、统计，并汇集政府、媒体关注的有关食品添加剂的问题，筛选出最受公众重视的118个问题。这些问题涉及了食品添加剂的基本概念，国内外食品添加剂标准和监管，在食品、农副产品加工制造中怎样使用食品添加剂，食品添加剂的风险评估和使用中的安全性，以及近几年出现的涉及食品添加剂的食品安全事件，并在书中将其分为概念篇、管理篇、应用篇和安全篇4部分。中国工程院院士孙宝国教授，北京工商大学曹雁平教授、王静教授，浙江大学叶兴乾教授，中国海洋大学汪东风教授，福州大学叶秀云教授、傅红教授，中国农业大学景浩教授，浙江万里学院戚向阳教授等依据《食品安全法》、《食品添加剂使用标准》等法律、法规，从专业的角度，采用你问我答、图文并茂、语言通俗易懂的形式，逐一解释每一个问题。所有参编的作者希望能够通过此书给中国公众提供认识食品添加剂的新途径，让读者对食品添加剂有系统、全面、科学、准确的认知。

感谢中国工程院、国家自然科学基金委员会对本书编写的支持和帮助。

感谢北京工商大学青年教师袁英髦为本书摄影和绘制插图。感谢参与问卷调查的六所大学的同学们辛勤工作。

食品添加剂涉及化学、化工、生物工程、食品科学、营养科学、食品安全等诸多学科，相关研究不断发展，由于作者知识面和专业水平的限制，书中疏漏与不妥之处在所难免，敬请专家、读者批评指正。

作者

2012年5月于北京

目录

## 一 概念篇

## 二 管理篇

## 三 应用篇

## 四 安全篇

# 一 概念篇

# 1 什么是食品添加剂?

食品添加剂指为改善食品品质和色、香、味以及为防腐、保鲜和加工工艺的需要而加入食品中的人工合成或者天然物质。我国对食品添加剂的生产和使用实行许可制度，只有确有必要使用、安全可靠并经过我国政府批准的才是合法的食品添加剂。GB 2760—2011规定："不应掩盖食品本身或加工过程中的质量缺陷或以掺杂、掺假、伪造为目的而使用食品添加剂"。添加剂不等于食品添加剂，食品添加剂只是众多添加剂中的一种，其他添加剂有饲料添加剂、药品添加剂、混凝土添加剂、塑料添加剂、涂料添加剂、汽油添加剂等。尽人皆知的三聚氰胺不是食品添加剂，而是混凝土添加剂、塑料添加剂和涂料添加剂。必须把食品添加剂和非食用物质区别开来。三聚氰胺、苏丹红、"瘦肉精"都是非食用物质，根本不是食品添加剂。■

# 2 食品添加剂是怎样分类的？

目前，我国允许使用的食品添加剂有2300多种，为便于食品添加剂的使用和管理，GB 2760—2011将这2300多种食品添加剂进行了分类。

按食品添加剂的来源，它们可分为天然的和人工化学合成的两大类。

按食品添加剂常用的功能，也就是说它们添加在食品中发挥什么作用，它们又可分为二十三大类。

GB 2760—2011规定：所有的食品添加剂功能类别名称没有再冠以“食品”二字。例如，酸度调节剂，没有定义为食品酸度调节剂；着色剂也没有定义为食品着色剂。

常见的有：食品抗氧化剂类，它们的作用是防止或延缓油脂或食品成分氧化变质，提高食品稳定性，如在咸肉、腊肉、板鸭、中式火腿、腊肠等食品中使用的茶多酚就是天然的食品抗氧化剂；食品膨松剂类，它们的作用是使食品发起形成致密多孔组织，从而使食品具有膨松、柔软或酥脆，如在生产膨化食品时，可按生产需要适量使用的硫酸铝钾（又名钾明矾）或硫酸铝铵（又名铵明矾）就是常用的膨松剂；食品甜味剂类，它们的作用是赋予食品的甜味，如蜜饯凉果及腌渍的蔬菜中使用的三氯蔗糖（又名蔗糖素），就是大家熟悉的甜味剂；食品增稠剂类，它们的作用是提高食品的黏稠度或形成凝胶，从而赋予食品黏润、适宜的口感，并兼有乳化、稳定或使其呈悬浮状态作用，如在冰淇淋、雪糕类、酱及酱制品类中常用的羧甲基淀粉钠，就是增稠剂。■

## 3 什么是着色剂?

着色剂又称食品色素，是以食品着色为主要目的，使食品赋予色泽和改善食品色泽的物质。

目前世界上常用的食品着色剂有60余种，我国允许使用的有46种，按其来源和性质分为食品合成着色剂和食品天然着色剂两类。天然的食品着色剂主要来自天然色素，按其来源不同，主要有三类：①植物色素，如甜菜红、姜黄、$\beta$-胡萝卜素、叶绿素等；②动物色素，如紫胶红、胭脂虫红等；③微生物类，如红曲红等。化学合成的着色剂主要是依据某些特殊的化学基团或生色团进行合成的，按其化学结构可分为两类：偶氮色素类（苋菜红、胭脂红、日落黄、柠檬黄、新红、诱惑红、酸性红等）和非偶氮色素类（赤藓红、亮蓝、靛蓝等）。偶氮色素类按其溶解度不同又分为油溶性和水溶性两类。现

在世界各国使用的合成色素大部分是水溶性偶氮色素类和它们各自的铝色淀。

食品合成着色剂安全性问题日益受到重视，各国对其均有严格的限制。我国允许使用的合成着色剂有10种。天然着色剂多以植物性着色剂为主，不仅安全，而且许多天然着色剂具有一定营养价值和生理活性。如广泛用于果汁饮料的$\beta$-胡萝卜素着色剂，不仅是维生素A原，还具有很显著的抗氧化、抗衰老等保健功能，GB 2760—2011将其列入可在各类食品中按生产需要适量使用的食品添加剂。用于各种食品着色的红曲红色素还具有明显的降血压作用。随着人们对食品添加剂安全性意识的提高，大力发展天然、营养、多功能的天然着色剂已成为着色剂的发展方向。■

我可以检测食品添加剂吗?

更多关注

# 4 什么是护色剂？

护色剂也称发色剂、呈色剂或助色剂。它本身不具有颜色，但当加入食品后能与其中的成分结合而产生鲜红的颜色或使食品的色泽得到改善（加强或保护）的一类物质。

护色剂主要用于肉制品，能与肉及肉制品中的呈色物质发生作用，使之在食品加工、保藏等过程中不分解、破坏，呈现良好色泽，一般泛指硝酸盐和亚硝酸盐。它们本身并无着色能力，但当其应用于动物类食品后，腌制过程中其产生的一氧化氮能使肌红蛋白或血红蛋白形成亚硝基肌红蛋白或硝基血红蛋白，从而使肉制品保持稳定的鲜红色。

有一些护色剂除可护色外，还有独特的防腐作用，如亚硝酸盐不仅可有效降低和抑制肉毒杆菌毒素的产生，而且还具有提高肉制品风味的独特效果。但考虑到其安全性，在其使用范围及其用量方面有严格规定。

GB 2760—2011规定普通食品常用的护色剂有亚硝酸钠、亚硝酸钾、硝酸钠、硝酸钾。除单独使用这些护色剂外，也往往将它们与食品助色剂复配使用，以获得更佳的发色效果。常用的食品助色剂有L-抗坏血酸及其钠盐、异抗坏血酸及其钠盐、烟酰胺等。硝酸盐和亚硝酸盐是国际上已使用几百年的肉制品护色剂，但是因为安全性的原因，绿色食品中禁止使用亚硝酸钠、亚硝酸钾、硝酸钠、硝酸钾。■

## 5 什么是漂白剂？

漂白剂是指能够破坏或者抑制食品色泽形成因素，使其色泽褪去或者避免食品褐变的一类添加剂。如果脯的生产、淀粉糖浆等制品的漂白处理等。

漂白剂的种类很多，但鉴于食品的安全性和其本身的特殊性，真正适合应用于食品的漂白剂品种不多。按其作用机理分还原型漂白剂和氧化型漂白剂。还原型漂白剂在果蔬加工中应用较多，主要是通过其中的二氧化硫成分的还原作用，使果蔬中的色素成分分解或褪色。

其作用比较缓和，但被其漂白的色素物质一旦再被氧化，可能重新显色。列入GB 2760—2011中的还原型漂白剂全部是以亚硫酸制剂为主，如亚硫酸钠、低亚硫酸钠(保险粉)、焦亚硫酸钠盐或钾盐、亚硫酸氢钠和硫黄等。氧化型漂白剂是通过本身的氧化作用破坏着色物质或发色基团，从而达到漂白的目的。氧化型漂白剂除了作为面粉处理剂的偶氮甲酰胺等少数品种外，实际应用很少。

无论是还原型漂白剂还是氧化型漂白剂，除了具有改善食品色泽外，有些漂白剂还有钝化生物酶活性和抑制微生物繁殖的作用，从而可以起到控制酶促褐变及抑菌等作用。■

## 6 什么是食用香料？

食用香料是食品用香料的简称，是指能够用于调配食用香精，并增强食品香味的物质。食品用香料一般配制成食品用香精后用于食品加香，部分食品用香料也可直接用于食品加香。在食品中使用食品用香料、香精的目的是使食品产生、改善或增强食品的香味。

食品用香料包括天然香料和合成香料两大类。天然香料是以动物、植物、微生物为原料通过压榨、蒸馏、萃取、吸附、发酵、酶解、热反应等方法获得的香料。如枣子酊、橘子油、桂花浸膏、大蒜油树脂、天然薄荷脑、发酵法生产的3-羟基-2-丁酮等。合成香料是通过有机合成方法制得的香料。如乙基香兰素、乙基麦芽酚、2-甲基-3-甲硫基呋喃、庚酸烯丙酯等。

GB 2760—2011允许使用的食品用天然香料有400种，包括八角茴香油、大蒜油、洋葱油、香葱油、芹菜籽油、中国肉桂油、柠檬油、亚洲薄荷油、山楂酊、甘草酊、红茶酊、豆豉酊、枣子酊、生姜

油树脂、辣椒油树脂、白胡椒油树脂、杭白菊浸膏、酒花浸膏、藏红花提取物、留兰香提取物等；允许使用的食品用合成香料有1453种，包括龙脑、薄荷脑、芳樟醇、D-木糖、丁香酚、香芹酚、麦芽酚、4-庚烯醛、苯甲醛、香兰素、甲基环戊烯醇酮、覆盆子酮、姜油酮、月桂酸、柠檬酸、L-谷氨酸、DL-蛋氨酸、乙酸乙酯、己酸乙酯、丁酸香叶酯、庚酸丙酯、苯甲酸苄酯、2-乙酰基呋喃、2-甲基-3-巯基呋喃、二糠基二硫醚、2-戊基噻吩、2-乙酰基噻唑、2-乙酰基吡啶、2,3-二甲基吡嗪等。

食品用香料不包括只产生甜味、酸味或咸味的物质，也不包括增味剂。

## 7 什么是食用香精?

食用香精是食品用香精的简称，是一种能够赋予食品香味的混合物。食用香精按用途可分为焙烤食品香精、软饮料香精、糖果香精、肉制品香精、奶制品香精、调味品香精、快餐食品香精、微波食品香精等。每一类还可以再细分，如奶制品香精可分为牛奶香精、酸奶香精、奶油香精、黄油香精、奶酪香精等。

关于食用香精认识上存在两个误区：一是食品不应该加香精或加香精不好。现代社会生活水平的提高和生活节奏的加快使人们越来越喜爱食用快捷方便的加工食品，并且希望食品香味要可口、香味要丰富多样，这些必须通过添加食用香精才能实现。高血压、高血脂、脂肪肝等“富贵病”的流行使人们越来越希望多食用一些植物蛋白食品，如大豆制品，而又要求有可口的香味，这只有添加相应的食用香精才能实现。二是外国人不吃和很少吃添加了食用香精的食品。食用香精是“舶来品”，越是发达国家食用香精人均消费量越高。我国食品香料和食用香精的人均消费量远远低于美国、日本、西欧发达国家和地区。

消费者完全没有必要担心过量使用食用香料、香精会带来安全问题。食用香精质量好坏消费者在食用的过程中一尝就知道。食用香料、香精在使用时还具有“自我设限(self-limit)”特性，当超过一定量时，其香味会令人难以接受。■

# 8 什么是甜味剂?

甜味剂是赋予食品以甜味的物质。甜味剂分为天然甜味剂（包括糖的衍生物和非糖天然甜味剂）和人工合成甜味剂（采用化学合成、改性等技术得到的各种不同特性的人工甜味剂）。

我们平时吃的蔗糖，不属于食品添加剂。甜味剂的甜度远高于蔗糖，其甜度以蔗糖为标准。不同的甜味剂甜度和甜感特点不同，有的甜味剂不仅甜味不纯，带有酸味、苦味等其他味感，而且从含在口中瞬间的留味到残存的后味都各不相同。

合成甜味剂有糖精或糖精钠、甜蜜素、安赛蜜或AK糖、三氯蔗糖（又称蔗糖素）、阿斯巴甜 [ 又称甜味素，阿斯巴甜高温水解后对有苯丙酮酸尿症的患者有一定毒性。因此GB 2760—2011规定添加阿斯巴甜之食品应标明：“阿斯巴甜（含苯丙氨酸）”]、阿力甜、纽甜。人工合成甜味剂化学性质稳定。

天然甜味剂有：罗汉果甜苷，是从我国特有植物——罗汉果中提取得到，甜度约为蔗糖的300倍，有罗汉果特征风味；甘草类甜味剂，是从中国常用传统药材——甘草中提取得到，甜度为蔗糖的200～500倍，其甜刺激来得较慢，去得也较慢，甜味持续时间较长，有特殊风味；甜菊糖苷，是从原产于巴拉圭和巴西的甜叶菊中提取得到，甜度为蔗糖250～450倍，带有轻微涩味。

GB 2760—2011规定了甜味剂的使用范围和最大用量。■

# 9 什么是酸度调节剂？

发面酸了加的碱面就是酸度调节剂，它是用以维持或改变食品酸碱度的物质。酸度调节剂包括酸、碱和盐。酸有有机酸和无机酸。

有机酸有富马酸、偏酒石酸、柠檬酸（柑橘类水果的特征酸）、乳酸（酸奶和泡菜的特征酸）、苹果酸（苹果的特征酸）、L(+)-酒石酸和酒石酸（葡萄酒的特征酸）、冰乙酸（低压羰基化法）和乙酸（也称醋酸，是酿造醋的特征酸）、己二酸等。

无机酸有磷酸（是可乐饮料的特征酸）及盐酸。

盐包括富马酸一钠、柠檬酸钠、柠檬酸钾、柠檬酸一钠、磷酸盐（焦磷酸二氢二钠、焦磷酸钠、磷酸二氢钙、磷酸二氢钾、磷酸氢二铵、磷酸氢二钾、磷酸氢钙、磷酸三钙、磷酸三钾、磷酸三钠、六偏磷酸钠、三聚磷酸钠、磷酸二氢钠、磷酸氢二钠）、硫酸钙（又名石膏）、乳酸钙、乳酸钠、碳酸钾、碳酸钠、碳酸氢钾、碳酸氢钠、碳酸氢三钠（又名倍半碳酸钠）、乙酸钠。

碱包括氢氧化钙、氢氧化钾、氢氧化钠。

每种酸度调节剂酸味强度和酸感特征不同、性质不同，用途也不同。GB 2760—2011规定了每种酸度调节剂的使用范围和最大用量。■

# 10 什么是增味剂?

烹调时用的味精就是增味剂，它是补充或增强食品原有风味的物质。增味剂就是我们常说的鲜味剂，包括常用的味精和强力味精中的5′-肌苷酸二钠、5′-鸟苷酸二钠（也称I+G）。增味剂主要分为有机酸类、核苷酸类和天然产物提取物等三类。一些甜味剂也具有增味功能，如糖精钠和纽甜（参见“8　什么是甜味剂？”）。天然产物提取物辣椒油树脂可以增加和赋予食品辣味，但是它们不属于增味剂。

有机酸类有谷氨酸钠（味精）、氨基乙酸（又名甘氨酸）、L-丙氨酸、琥珀酸二钠，增加和赋予食品鲜味。谷氨酸钠是最早发现的，也是最常用的鲜味剂。L-丙氨酸基本味感是甜稍酸，主要用于调味料增味；氨基乙酸基本味感是甜稍酸，主要用于肉制品、调味料增味；琥珀酸二钠有特殊贝类滋味，为呈现海鲜风味的增味剂。

核苷酸类有5′-肌苷酸二钠和5′-鸟苷酸二钠，以及它们的混合物5′-呈味核苷酸二钠，增加和赋予食品鲜味，而且与氨基酸类鲜味物质同时使用，呈现倍增效果。5′-肌苷酸二钠有特殊的类似鱼肉的鲜味。5′-鸟苷酸二钠有特殊的类似香菇的鲜味，鲜味强度高于肌苷酸。

谷氨酸钠、核苷酸类增味剂可在各类食品中按生产需要适量使用。其他增味剂被规定了使用范围和最大使用量。■

# 11 什么是增稠剂?

在我们熟悉的果汁、酸奶、可可奶中都要用到增稠剂，因为许多食品，尤其是饮料，都有一些不可溶解的成分，如果汁中有果肉残渣、牛奶中有脂肪颗粒、可可奶中有可可粉颗粒，这些不溶解的成分不能在水中均匀分布，轻的会浮于水面，重的会沉在瓶底，而我们希望这些饮料都是均匀的，不要有漂浮物，也不要有沉淀，加入食品增稠剂能够有效解决这个问题。

增稠剂是可以提高食品的黏稠度或形成凝胶，从而改变食品的物理性状，赋予食品黏润、适宜的口感，并兼有乳化、稳定或使其呈悬浮状态作用的物质。

增稠剂也称水溶胶或食品胶，是在食品工业中有广泛用途的一类重要的食品添加剂，在加工食品中能够起到提供一定的稠度、黏度、成胶特性、乳化稳定性、悬浊分散性、持水性、控制结晶等作用，使食品获得所需各种形状和硬、软、脆、黏、稠等各种口感。

增稠剂按其来源可分为天然和化学合成（包括半合成）两大类。天然来源的增稠剂大多数是由植物、海藻或微生物提取的多糖类物质，如阿拉伯胶、卡拉胶、果胶、琼胶、海藻酸类、罗望子胶、甲壳素、瓜尔胶和黄原胶等；还有一部分是由含蛋白质的动物原料中提取得到的物质，如明胶、干酪素、壳聚糖等。合成或半合成增稠剂有羧甲基纤维素钠、海藻酸丙二醇酯，以及种类繁多的变性淀粉，如羧甲基淀粉钠、羟丙基淀粉醚、淀粉磷酸酯钠等。■

我可以公布食品质量检测结果吗?

更多关注

# 12 什么是乳化剂?

我们自己调制沙拉酱时使用蛋黄使食用油和水混合成为一个均匀的、不分层的酱料，就是利用了蛋黄中具有乳化作用的卵磷脂，卵磷脂是天然乳化剂。乳化剂用途非常广泛，在我们熟悉的糕点、人造奶油、冰淇淋、饮料、乳制品、巧克力等食品中都要用到乳化剂。如用于糕点中，可使脂肪均匀分散，防止油脂渗出；用于冰淇淋中，可以得到质地干燥、疏松、保形性好、表面光滑的冰淇淋产品。

乳化剂是能改善乳化体中各种构成相之间的表面张力，形成均匀分散体或乳化体的物质。

乳化剂是指能使两种或两种以上互不相溶的流体（如油和水）均匀地分散成乳状液（或称乳浊液）的物质，是一种具有亲水基和疏水基的表面活性剂。食品乳化剂是一类多功能的高效食品添加剂，除典

型的表面活性作用外，在食品中还具有许多其他功能：消泡作用、增稠作用、润滑作用、保护作用等。乳化剂在食品生产和加工过程中占有重要地位，可以说几乎所有的食品生产和加工均涉及乳化剂或乳化作用。它只需添加少量，即可显著降低油水界面张力，使之形成均匀、稳定的分散体或乳化体。

全世界用于食品生产的乳化剂有65种之多，按来源可分为天然乳化剂和人工合成乳化剂。如大豆磷脂、酪蛋白酸钠为天然乳化剂；蔗糖脂肪酸酯、司盘60、硬脂酰乳酸钙等为人工合成乳化剂。■

# 13 什么是凝固剂?

我国发明的豆腐，制作要使用盐卤（氯化镁或氯化钙）来凝固豆腐，石膏（硫酸钙）也可以用来凝固豆腐；现代工业化生产豆腐不是使用传统的盐卤，而是使用葡萄糖酸-$\delta$-内酯来凝固豆腐，生产的就是我们熟悉的内酯豆腐。盐卤、石膏、葡萄糖酸-$\delta$-内酯这些都是凝固剂。热天大家都爱吃清凉的东西，尤其是一些啫喱果冻类的，因外观晶莹、色泽鲜艳、口感软滑、清甜滋润而深受大家的喜爱，这些产品中也都用到了凝固剂。

凝固剂是使食品结构稳定、使加工食品的形态固化、降低或消除其流动性、且使组织结构不变形、增加固形物而加入的物质。

凝固剂可以分为无机类凝固剂和有机类凝固剂两种。目前我国允许使用的凝固剂有硫酸钙、氯化钙、氯化镁、丙二醇、乙二胺四乙酸二钠、柠檬酸亚锡二钠、葡萄糖酸-$\delta$-内酯及不溶性聚乙烯吡咯烷酮等。凝固剂主要用于豆制品生产和果蔬深加工，以及凝胶食品的制造等。■

# 14 什么是膨松剂?

膨松剂，又称疏松剂，是在食品加工过程中加入的，能使产品发起形成致密多孔组织，从而使制品具有膨松、柔软或酥脆的物质。通常应用于糕点、饼干、面包、馒头等以小麦粉为主的焙烤食品制作过程中，使其体积膨胀与结构疏松。当面坯在烘焙加工时，由膨松剂产生的气体受热膨胀，使面坯起发膨松，使制品的内部形成多孔状组织结构。

膨松剂可分为无机膨松剂和有机膨松剂两类。有机膨松剂如葡萄糖酸-$\delta$-内酯。无机膨松剂，又称化学膨松剂，包括碱性膨松剂和复合膨松剂两类。常用的无机膨松剂有碳酸氢钠、碳酸氢铵、轻质碳酸钙、硫酸铝钾、硫酸铝铵。其作用机理是：当把膨松剂调和在面团中，在高温烘焙时受热分解，放出大量气体，使制品体积膨松，形成疏松多孔的组织。无机膨松剂主要用于饼干、糕点生产。市售的自发面粉中也配有无机膨松剂。无机膨松剂应具有下列性质：①较低的使用量

能产生较多量的气体；②在冷面团里气体产生慢，而在加热时则能均匀持续产生多量气体；③分解产物不影响产品的风味、色泽等食用品质。至今使用最多的无机膨松剂是碳酸氢钠和碳酸氢铵。■

# 15 什么是胶姆糖基础剂？

当您在吃口香糖或者泡泡糖的时候，一定会感受到它们在口腔中不溶解，也不粘牙，而且会随着牙齿的咀嚼，任意改变糖的形状的奇妙特性。胶姆糖和普通糖果不一样的奥秘，就在于它们是惰性的，不易溶于唾液的胶基，即我们所说的胶姆糖基础剂。

千百年来，墨西哥人将一些树上分泌的黏稠的树胶放入口腔中咀嚼，用来清洁牙齿，清新口气，这就是最早的“口香糖”。20世纪，美国人将这种人心果树提取的糖胶作为胶基材料，第一次开始了口香糖的生产加工，产品很快风靡全球，成为世界各地人们最受欢迎的糖果之一。

胶姆糖基础剂是赋予口香糖和泡泡糖等胶姆糖起泡、增塑、耐咀嚼的物质，一般以天然树胶和合成橡胶为主，加上各种蜡、软化剂、胶凝剂、填充剂、抗氧化剂、防腐剂。最初，人们用天然橡胶中的糖胶树胶、马来乳胶、节路顿胶等制作胶姆糖，但由于产量有限，因此逐步被合成树脂代替。

天然树胶以糖胶树胶为佳，胶基塑性好，有良好的延展性和弹性，容易保持香味。但是，泡泡糖胶基几乎全部采用合成树脂丁苯橡胶，这是因为丁苯橡胶有较好的成膜性和膨大性，可以被吹成体积大而有趣的泡泡。■

# 16 什么是水分保持剂？

我们知道，小仔鸡可比老公鸡的肉质鲜美多了，水灵灵的嫩青菜的口感也比较好，这是为什么呢？原来，小仔鸡肌肉和嫩青菜中都含有较多的水分，让我们觉得味道更好。因此，为了在食品加工中保持肉类及水产品的水分，增强原料的水分稳定性和持水性，有时候需要添加水分保持剂。

GB 2760—2011中规定的水分保持剂主要是磷酸盐类物质，另外还有乳酸盐、甘油、丙二醇、麦芽糖精、山梨糖醇和聚葡萄糖等。

磷酸盐类水分保持剂的用处多，因此被广泛地用于食品加工。它不仅在肉类制品中可保持肉的持水性，增强结着力，保持肉的营养成分及柔嫩性，还可以防止肉中脂肪酸败，以免产生不良气味；防止啤酒、饮料浑浊；用于鸡蛋外壳的清洗，防止鸡蛋因清洗而变质；在蒸煮果蔬时，用来稳定果实和蔬菜中的天然色素；还可用作酸度调节剂、

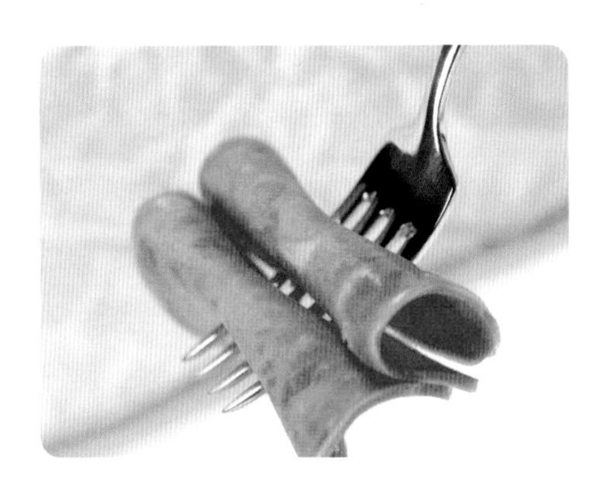

金属离子螯合剂和品质改良剂等。

但是，不容忽视的是，磷酸盐在人体内与钙能形成难溶于水的正磷酸钙，从而降低钙的吸收，因此在饮食中应注意摄入的钙、磷比例。■

# 17 什么是抗结剂？

抗结剂又称抗结块剂，是用来防止颗粒或粉状食品聚集结块，保持它们的松散或自由流动。我们日常所食用的食盐、小麦粉、蔗糖、元宵粉等是容易吸湿结块的食品原料，需要添加颗粒细微、松散多孔、吸附力强的食品抗结剂，吸附原料中容易形成结块的水分、油脂等，来保持食品的粉末或颗粒状态，以利于使用。

我国许可使用的抗结剂目前有5种：亚铁氰化钾、硅铝酸钠、磷酸三钙、二氧化硅和微晶纤维素。除亚铁氰化钾和磷酸三钙的每日允许摄入量（ADI）值有规定外，其他抗结剂均为ADI值无需规定的一般公认安全物质。亚铁氰化钾（钠）在“绿色”标志的食品中禁用。

亚铁氰化钾，俗称黄血盐，是国内外广泛使用的食盐抗结剂。亚铁氰化钾中的铁和氰化物之间结构稳定，只有在高于400℃才可能分解产生氰化钾，日常烹调温度低于340℃，因此亚铁氰化钾分解的可能性极小，按照规定限量标准添加，不会对人体健康造成危害。■

## 18 什么是防腐剂？

顾名思义，防腐剂是指一类加入食品中能防止或延缓食品腐败的食品添加剂，其本质是具有抑制微生物增殖或杀死微生物的一类化合物，又称为保藏剂。

一种化学品要作为食品防腐剂，一是性质稳定，在一定的时间内有效；二是使用过程中或分解后无毒，不阻碍胃肠道酶类的正常作用，亦不影响肠道有益的正常菌群的活动；三是在较低浓度下有抑菌或杀菌作用；四是本身无刺激味和异味；五是使用方便。

防腐剂的来源主要有天然和合成两类，以合成的商业化应用最多。我国的GB 2760—2011列出的防腐剂共有27种。化学防腐剂包括有机的（如苯甲酸及其盐类、山梨酸及其盐类、对羟基苯甲酸及其酯类、乳酸等）和无机的（如亚硫酸及其盐类、二氧化碳、亚硝酸盐类、游离氯及次氯酸盐等无机物）。有些不属于防腐剂的食品添加剂有明显的抑菌功能，如亚硫酸盐与硫黄等有漂白和抗氧化作用，因此GB 2760—2011将其列入漂白剂；其余的如硝酸钠或亚硝酸钠为护色剂，乙二胺四乙酸（EDTA）为稳定剂，乙酸钠为酸度调节剂。

另外，近年来常有一些不法厂商添加未经批准的化学物质作为防腐剂，引起混乱，此类物质本身为未经批准的物质，不是食品添加剂，如果应用，属于违法使用。2011年卫生部公布的可能违法添加的非食用物质中涉及防腐的有硫氰酸钠（乳及乳制品）、工业用甲醛（海参、鱿鱼等干水产品，血豆腐）。可能滥用食品添加剂的食品有：果冻、月饼、腌菜等可能滥用防腐剂，乳制品（除干酪外）可能滥用纳他霉素，陈粮、米粉及水产品中可能滥用亚硫酸盐。■

# 19 什么是抗氧化剂？

家里的食用油保藏不好会“哈喇”，就是因为油脂发生了氧化的结果。氧化作用是食品加工和保藏中所遇到的最为普遍的变质现象之一。食品被氧化后，不仅色、香、味等方面会发生不良的变化，还可能产生有毒有害物质。为防止因氧化引起的食品变质，GB 2760—2011规定可在食品中添加少量的可起到延迟或阻碍氧化作用的物质，这些物质就是抗氧化剂。

目前正在使用的抗氧化剂有许多，可按不同的标准对它们进行分类。如按其来源分类，抗氧化剂可分成化学合成的抗氧化剂和天然的抗氧化剂；如按其作用方式分类，可将抗氧化剂分成自由基吸收剂、金属离子螯合剂、氧清除剂、氢过氧化物分解剂、酶抗氧化剂、紫外线吸收剂或单线态氧淬灭剂等。常见的抗氧化剂有茶多酚（TP）、生育酚、黄酮类、丁基羟基茴香醚（BHA）、二丁基羟基甲苯（BHT）、叔丁基对苯二酚（TBHQ）等。

抗氧化剂的正确使用不仅可以延长食品的贮存期、货架期，给生产者、经销者带来良好的经济效益，而且给消费者带来更好的食品安全。■

# 20 什么是稳定剂？

食品中的成分比较复杂，很多食品在加工过程和贮存中发生了形态上的变化。稳定剂，顾名思义，就是使食品结构稳定，增强食品黏性固形物的一类添加剂。稳定剂具有如下功能。

（1）豆制品品质改良作用，谷氨酰胺转氨酶可促进豆制品中大豆蛋白的催化交联，提高其溶解性、乳化性和稳定性。

（2）果蔬硬化作用，常见的有各种钙盐，如氯化钙、乳酸钙、柠檬酸钙等，可以和果蔬中的果胶生成凝胶，保证了果蔬食品的硬度和脆度。

（3）保湿作用，丙二醇可在糕点、生湿面制品中保持水分，增加面制品的柔软性，提高乳化性和稳定性。

（4）罐头除氧作用，在富含多酚氧化酶的蔬果罐头中，柠檬酸亚锡二钠可作为抗氧化剂，保护食品的色泽和风味。

（5）螯合作用，多元羧酸（柠檬酸、苹果酸、酒石酸等）、多聚磷酸和EDTA等食品添加剂，可以和金属离子形成可溶性络合物，防止由金属离子导致的脱色、氧化、酸败、浑浊和风味的改变等不良反应，提高食品的质量稳定性。

在GB 2760—2011中，稳定剂和凝固剂属于同一功能类别的食品添加剂。但是，由于稳定剂对食品体系的稳定作用机理不同，又可同时作为增稠剂、乳化剂、膨松剂添加在食品中。■

## 21 什么是消泡剂？

消泡剂是在食品加工过程中用来降低表面张力、消除泡沫的物质。泡沫是不溶性气体在外力作用下进入液体之中，形成的大量气泡被液体相互隔离的非均相分散体系。泡沫是热力学不稳定体系，有表面积自行缩小和自行破裂的趋势。自然消泡需要很长时间，需要使用消泡剂实现快速消泡满足食品加工生产的要求。消泡剂多为液体复配产品，主要分为三类：矿物油类、有机硅类、聚醚类。矿物油类消泡剂通常由载体、活性剂等组成。载体是低表面张力的物质，其作用是承载和稀释，常用载体为水、脂肪醇等；活性剂的作用是抑制和消除泡沫，常用的有蜡、脂肪族酰胺、脂肪等。有机硅类消泡剂一般包括聚二甲基硅氧烷等。有机硅类消泡剂溶解性较差，在常温下具有消泡速度很快、抑泡较好，但在高温下发生分层、消泡速度较慢、抑泡较差等特点。聚醚类消泡剂包括聚氧丙烯氧化乙烯甘油醚等。聚醚类消泡剂具有抑泡时间长、效果好、消泡速度快、热稳定性好等特点。例如在果蔬饮料、豆制品、蔗糖等生产过程中就会用到消泡剂。■

# 22 什么是面粉处理剂？

面粉处理剂是使面粉增白和提高焙烤制品质量的一类食品添加剂。刚磨好的小麦面粉由于带有一些胡萝卜素之类的色素而呈淡黄色，形成的生面团呈现黏结性，不便于加工或焙烤。但面粉在贮藏后会慢慢变白并经过老化或成熟过程，可以改善其焙烤性能。但在自然情况下，这一过程相当缓慢，如果自然成熟，需大量的仓库，而且保存不好，易发霉变质。采用化学处理方法可以加速这些自然成熟过程，并且增强酵母的发酵活性和防止陈化。这些化学处理的物质即为面粉处理剂。

GB 2760—2011规定可用的面粉处理剂有L-半胱氨酸盐酸盐、抗坏血酸、偶氮甲酰胺、碳酸镁、碳酸钙（包括轻质和重质碳酸钙）。过去常用的物质有过氧化苯甲酰、溴酸钾和偶氮甲酰胺等，它们均有一定的氧化漂白作用，可使面粉增白，且它们还具有一定的成熟作用。

一般来说，加工面粉时使用面粉处理剂可节省面粉生产时的贮藏空间，改善面粉的焙烤性能，漂白面粉的色泽等，具有很大的好处。但是，由于各国对面粉加工、贮藏、使用的要求有差异，所以批准使用的面粉处理剂品种不同。一个典型的事例为我国于2011年禁止使用过氧化苯甲酰和过氧化钙作为面粉处理剂，而美国允许过氧化苯甲酰作为面粉处理剂。■

# 23 什么是酶制剂?

您知道啤酒是怎样从颗粒状的粮食谷物发酵来的吗？面包为什么松软而美味？为什么烧肉时加木瓜会使肉质更加滑嫩呢？……事实上，食物的这些神奇变化，要归功于食品中各种各样的酶。

食品添加剂中的酶制剂，比如，木瓜蛋白酶、$\alpha$-淀粉酶制剂、精制果胶酶、$\beta$-葡萄糖酶等，是从生物中特意提取的具有酶特性的一类物质。这些生物体可以是整个细胞、细胞碎片或不含细胞的物质。食品酶制剂的独特之处，就是可以催化食品加工过程中各种化学反应，改进食品加工方法。

在食品工业中，酶制剂主要用于淀粉加工、乳品加工、果汁加工、烘焙食品、啤酒发酵等。酶制剂的应用可提供新的食品品种，简化原有的生产工艺，增加产品产量，改善产品品质，降低原材料消耗并消除环境污染。

一般情况下，酶制剂是含有一种或若干种活性成分的混合物，并可以含有各种食品添加剂中的稀释剂、防腐剂、抗氧化剂等。

来源于动植物可食部位的酶制剂一般不需要做毒理学试验。来自于微生物的酶制剂，菌种必须是符合GB 2760—2011中规定的安全菌种，以确保在生产过程中酶制剂的菌株不会产生毒素，并能防止将有毒产物引入产品中。在此基础上，一般认为来源于生物的酶制剂较安全，可按生产需要适量使用。■

# 24 什么是食品工业用加工助剂？

一般来说，有助于食品加工工序顺利进行而添加的各种物质称为加工助剂。这些物质与食品本身不一定有关，它们一般应在食品中除去而不应成为最终食品的成分，或仅有残留。通常食品的加工需加入各种辅助物质，如助滤剂、澄清剂、吸附剂、润滑剂、脱模剂、脱色剂、脱皮剂、提取溶剂、发酵用营养物质等。GB 2760—2011规定了食品加工助剂的使用原则：①加工助剂应在食品生产加工过程中使用，使用时应具有工艺必要性，在达到预期目的前提下应尽可能降低使用量。②加工助剂一般应在制成最后成品之前除去，有规定食品中残留量的除外。食品中加工助剂的残留不应对健康产生危害，不应在最终食品中发挥功能作用。③食品工业用加工助剂应该符合相应的质量规格要求。

食品加工助剂与食品添加剂不同的是，后者是加入到食品中作为一个成分而存在的，不需在最终食品中被去除。但是有时食品加工助剂亦是一种添加剂，如乙二胺四乙酸二钠可作为吸附剂、螯合剂，但同是亦是添加剂。按照我国对食品加工助剂的管理，GB 2760—2011将加工助剂分为如下三类：①可在各类食品加工过程中使用，残留量不需限定的加工助剂（不含酶制剂）；②需要规定功能和使用范围的加工助剂；③食品加工中允许使用的酶。各种酶的来源和供体应符合有关规定。■

# 25 什么是被膜剂？

被膜剂，对于您来说，也许是个生疏的新词。其实，它早就在一些食品中存在了。您看，红艳艳的苹果为什么不容易干缩？原来，它的表面涂上了被膜剂，既可以抑制水分蒸发，又可以防止微生物侵入，形成的气调层提高了水果保鲜期；硬糖和巧克力的表面为什么鲜艳光亮？这也是被膜剂起的作用，并且还可以保持糖果质量稳定，防止糖果之间粘连。

被膜剂是指涂抹于食品外表，起保质、保鲜、上光、防止水分蒸发等作用的物质。按溶解性可分为水不溶性和水溶性被膜剂两种。列入GB 2760—2011的被膜剂都经过了安全性评价，因此按照规定使用不会对人体造成危害。这些被膜剂主要应用于水果、蔬菜、软糖、鸡蛋等食品的保鲜。其中，巴西棕榈蜡制定了ADI值，紫胶、食品级矿物油、硬脂酸、蜂蜡都属于“未规定ADI值”的公认一般安全物质。

由于矿物油在人体肠道不被吸收消化，并阻碍水分吸收，大量摄入可导致腹泻，并影响脂溶性维生素和钙、磷的吸收，因此，被膜剂中的食品级矿物油（白油）在我国仅容许作为鸡蛋、凝胶糖果的保鲜被膜剂；果蜡用于水果保鲜，仅供涂膜，不可直接食用。■

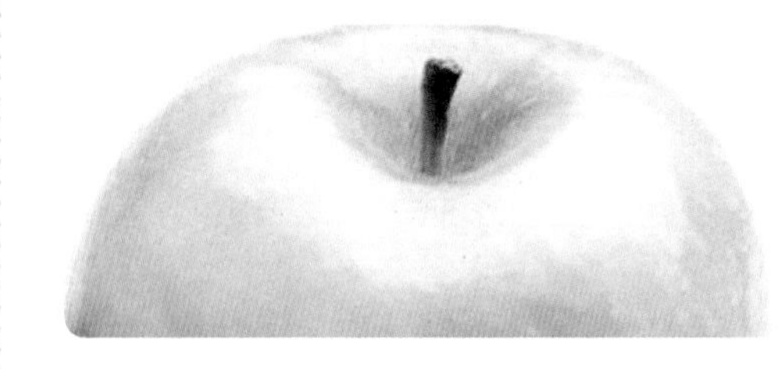

# 26 什么是营养强化剂？

GB 14880—1994对食品营养强化剂的定义是：为增强营养成分而加入食品中的天然的或人工合成的属于天然营养素范围的食品添加剂。按照GB 14880—1994的标准规定加入了一定量的营养强化剂的食品就称为强化食品。强化食品必须经省、自治区、直辖市食品卫生监督检验机构批准才能销售，并在该类食品标签上标注营养强化剂的名称和含量。如铁强化酱油，就是政府批准并推广使用的四种强化食品之一。

营养强化剂主要有：矿物质类，如钙、铁、锌、硒、镁、钾、钠、铜等；维生素类，如维生素A、维生素D、维生素E、维生素C、B族维生素、叶酸、生物素等；氨基酸类，如牛磺酸、赖氨酸等；其他营养素类，如二十二碳六烯酸（DHA）、膳食纤维、卵磷脂等。

使用食品营养强化剂必须符合GB 14880—1994中规定的品种、范围和使用量。■

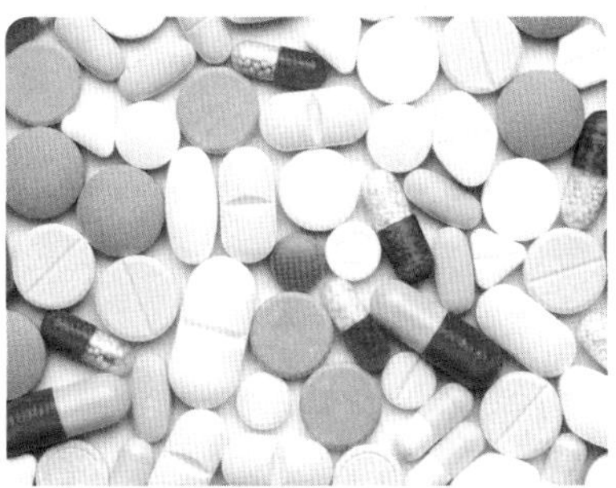

# 27 什么是复配食品添加剂?

复配食品添加剂是含两种或两种以上食品添加剂的配方混合物。按照GB 26687—2011的定义，复配食品添加剂是为了改善食品品质、便于食品加工，将两种或两种以上单一品种的食品添加剂，添加或不添加辅料，经物理方法混匀而成的食品添加剂。其中“辅料”是指为复配食品添加剂的加工、贮存、溶解等工艺目的而添加的食品原料。复配食品添加剂不应只是1 ~ 2种食品添加剂的简单叠加，而应该是指通过优化复配等技术使新的复配产品在物理化学和生物活性上有一定改善，以满足某些食品使用的需求。

在使用复配食品添加剂时要遵守一些基本原则，如用于生产复配食品添加剂的各种食品添加剂，应符合GB 2760—2011和卫生部公告的规定，具有共同的使用范围；在达到预期的效果下，应尽可能降低在食品中的用量；在生产过程中不应发生化学反应，不应产生新的化合物等，以保证复配食品添加剂的使用不会对人体产生任何健康危害。为了保证复配食品添加剂的安全性，对其中有害重金属的含量有明确的限量要求，如砷和铅的含量均不得高于2.0mg/kg。 常用的复配食品添加剂有复配着色剂、复配防腐剂、复配香精/香料等。■

# 28 什么是食品配料？

食品配料是指食品配方原料中用量较小的食品原料。对于“食品配料”有不同的定义。有的把食品配料和食品添加剂看成并列关系；有的认为食品添加剂是个大的概念，包括食品配料；有的认为复配食品添加剂即为食品配料；另一些人认为食品配料是指所有的食品原料。

食品原料可分为食品主料、食品配料、食品添加剂三大类。食品主料，即食品主要原料，是指食品加工中用量较大、未经深加工的农副产品，主要包括面、米、肉、蛋、奶、油、糖等。食品添加剂一般是纯度较高的化学物质，GB 2760—2011对其已有明确界定。食品配料（也称食品辅料）是指经深加工过的或用量较小的食物，本身都是天然物质，而不是食品添加剂使用标准中所列品种，一般无用量限制，具有改善食品品质和提高加工性能的作用。如肉制品中

的配料、油炸食品用的裹粉等。常用的食品配料有淀粉、酵母制品、低聚糖、蛋白类、膳食纤维、馅料、香辛料及调味料、动植物提取物、饮料浓缩液等。食品配料与食品添加剂的不同还在于，食品配料用量较大。■

# 29 什么是食品添加剂的残留量？

食品添加剂的残留量是指食品添加剂或其分解产物在最终食品中的允许残留水平。按照标准检测方法检出食品添加剂的残留量不应超过GB 2760—2011规定的残留量水平。而GB 2760—2011中大部分食品添加剂是以“最大使用量”计的，只有部分食品添加剂在备注栏中对其残留量有所要求。

最大使用量是食品添加剂使用时所允许的最大添加量，但是对于一些特殊的食品添加剂应注意使用标准中最后一列的“备注”要求，例如，“亚硝酸钠”在酱卤肉制品的备注栏中有“以亚硝酸钠计，残留量≤30mg/kg”，而其最大使用量为≤150mg/kg，也就是说，加入肉制品中的亚硝酸钠，其中一部分会分解成NO并与肌肉中的血红蛋白结合，添加于不同食品中的亚硝酸钠其分解程度不同，但在肉制品中没有分解的亚硝酸钠其最大残留量均不得超过30mg/kg。

实际上，就产品成品的质量检验而言，所有产品的检测结果几乎都是残留在产品中的含量，食品添加剂在食品成品中的“残留量”一般低于在生产时加入食品中的“最大使用量”。对于在备注中没有残留量要求的食品添加剂，该食品添加剂在产品中的含量标准应以“最大使用量”为依据；对于在备注中有残留量要求的食品添加剂，该食品添加剂在产品中的含量标准要以“最大残留量”为依据。因此，生产食品时若按照GB 2760—2011规定的标准加入食品添加剂，且产品中食品添加剂的残留量低于GB 2760—2011规定的标准，则产品是安全可靠的。■

# 30 什么是食品分类系统？如何使用？

食品分类系统是将食品进行科学的规范和分类，为指导食品生产、监管工作和食品安全认证提供主要依据。我国的食品分类系统由国家质量监督检验检疫总局于2006年以标准形式颁布，将食品分为28大类，包括粮食加工品，食用油，油脂及其制品，调味品，肉制品，乳制品，饮料，方便食品，饼干，罐头，冷冻饮品，速冻食品，薯类和膨化食品，糖果制品(含巧克力及制品)，茶叶及相关制品，酒类，蔬菜制品，水果制品，炒货食品及坚果制品，蛋制品，可可及焙烤咖啡产品，食糖，水产制品，淀粉及淀粉制品，糕点，豆制品，蜂产品，特殊膳食食品，其他食品。

食品分类系统也需要根据监管内容进行调整。如在2011年颁布的食品添加剂使用标准中，对食品分类系统进行了部分调整，将食品分为16大类。调整后的16大类包括：乳与乳制品，脂肪、油和乳化脂肪制品，冷冻饮品，果蔬［水果、蔬菜(包括块根类)、豆

类、食用菌、藻类、坚果以及籽类等]，糖果[可可制品、巧克力和巧克力制品(包括类巧克力和代巧克力)以及糖果]，粮食和粮食制品，焙烤食品，肉及肉制品，水产品及其制品，蛋及蛋制品，甜味料，调味品，特殊营养食品，饮料类，酒类，其他类。每一大类下又分若干亚类。

根据调整后的食品分类系统用于界定食品添加剂的使用范围。如允许某一食品添加剂应用于某一食品类别时，原则上允许其应用于该类别下的所有类别食品。■

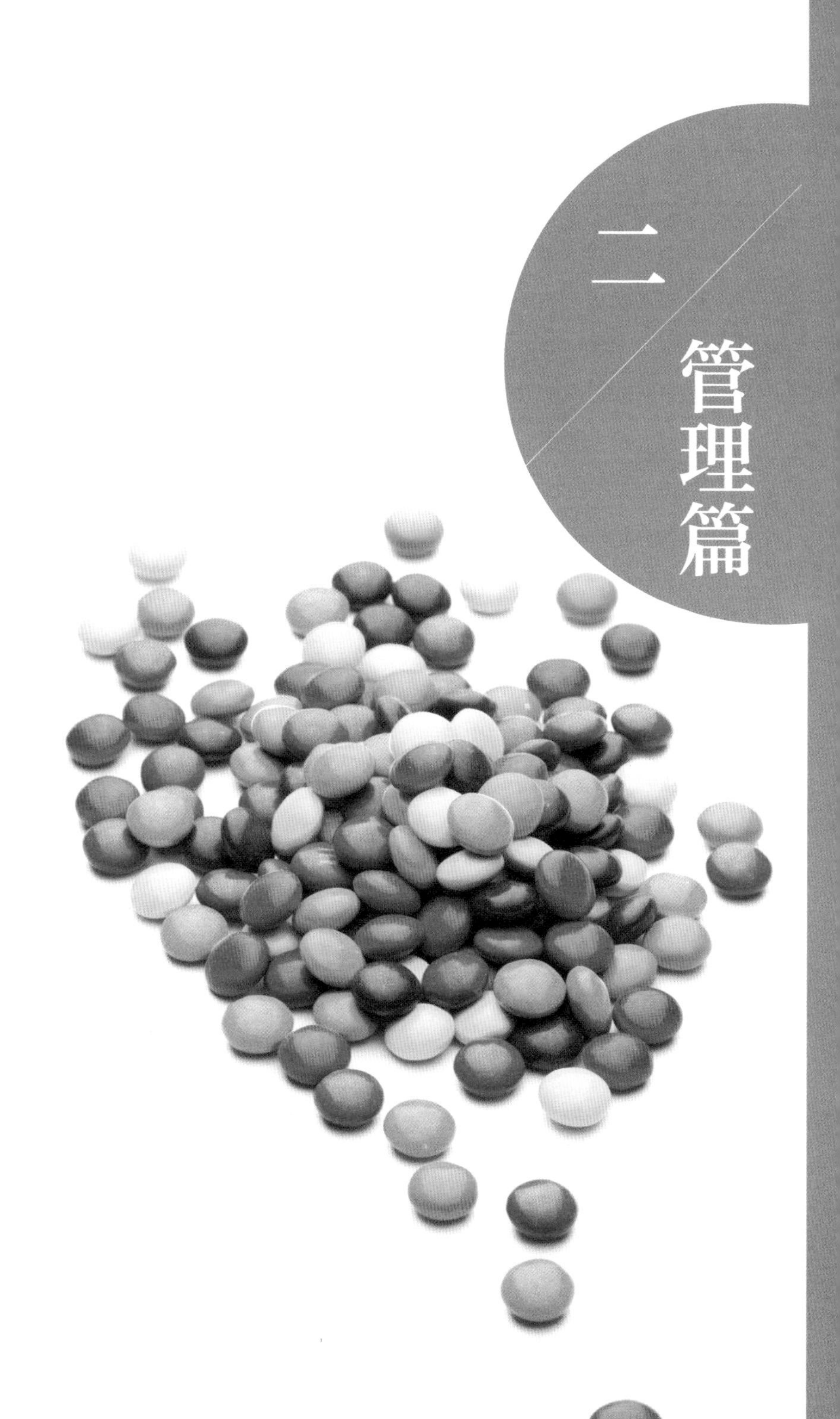
二
管理篇

# 31 使用食品添加剂需要向有关部门报告吗？

食品生产企业使用我国批准的食品添加剂时不需要向有关部门报告。我国卫生部于2011年4月20日发布并于6月20日实施的GB 2760—2011《食品安全国家标准　食品添加剂使用标准》对食品添加剂的使用做了明确的规定。其中不仅规定了食品添加剂的允许使用品种、使用范围以及最大使用量或残留量；还规定了可在各类食品中按生产需要适量使用的食品添加剂；规定了同一功能的食品添加剂（相同色泽着色剂、防腐剂、抗氧化剂）在混合使用时，各自用量占其最大使用量的比例之和不应超过1。标准中的附录A对240种食品添加剂的允许使用品种、使用范围以及最大使用量或残留量作出明确规定，并列出了77种可在各类食品中按生产需要适量使用的食品添加剂名单。附录B列出了允许使用的400种食品用天然香料名单和1453种食品用合成香料名单。食品生产企业必须严格遵守食品添加剂

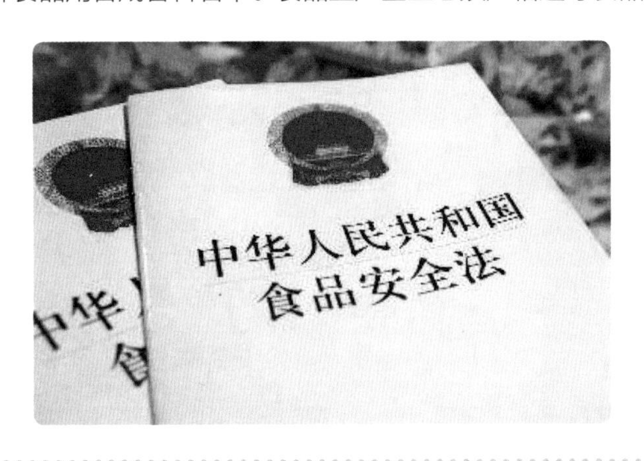

使用标准。如果计划使用尚未被我国GB 2760—2011允许的食品添加剂，则需要向卫生部申请新食品添加剂，或扩大使用范围。

虽然，食品生产企业使用我国批准的食品添加剂时不需要向有关部门报告。但是卫生部要求食品生产企业和餐馆、快餐店要严格执行索证（购买食品添加剂时索要食品添加剂生产企业生产许可证）索票（购买食品添加剂时索要发票）、进货查验管理制度，保证使用的食品添加剂是由国家批准的企业生产的合格产品，如果发生产品质量问题也便于追根溯源。■

食品安全管理机构改变啦！

更多关注

## 32 谁有资格生产食品添加剂？谁来决定哪个企业有资格生产食品添加剂？

经认证的具有食品添加剂生产许可资质的企业才有资格生产食品添加剂。根据《中华人民共和国食品安全法》第四十三条规定，申请食品添加剂生产许可的条件和程序，应按照国家有关工业产品生产许可证管理的规定执行。《中华人民共和国工业产品生产许可证管理条例》第九条规定，企业取得生产许可证，要有营业执照，营业执照的经营范围应覆盖企业申请生产许可的产品。根据《中华人民共和国工业产品生产许可证管理条例实施办法》（国家质检总局令第130号），由国家质量监督检验检疫总局发布《食品添加剂生产许可检验机构承检范围及联系方式》通告，通告中所列的检验机构是指，经国家质检总局批准可以承担食品添加剂发证检验并出具发证检验报告的机构。卫生部、国家质检总局等九部门《关于加强食品添加剂监督管理工作的通知》（卫监督发〔2009〕89号）规定，食品添加剂生产企业必须依法取得工业产品生产许可证后方可从事食品添加剂的生产。其生产的食品添加剂质量、检验方法标准必须符合国家标准、行业标准的规定。

根据《中华人民共和国工业产品生产许可证管理条例》，任何单位或者个人不得销售或者在经营活动中使用未取得生产许可证的列入目录的产品。食品生产企业应使用已获得生产许可资质的食品添加剂供应商的产品。■

国家质量监督检验检疫总局产品质量监督司
General Administration of Quality Supervision, Inspection and Quarantine of the People's Republic of China

# 33 我国怎样审批与确认新食品添加剂？

我国由卫生部负责新食品添加剂的风险评估和管理工作。

根据《中华人民共和国食品安全法》及其实施条例、《食品添加剂新品种管理办法》和《食品添加剂新品种申报与受理规定》的要求，为规范食品添加剂新品种许可管理，卫生部于2011年11月29日公布了《关于规范食品添加剂新品种许可管理的公告（卫生部公告2011年第29号）》。申请食品添加剂新品种的，应当提交技术必要性证明材料。卫生部卫生监督中心受理相关申请。食品安全综合协调与卫生监督局负责食品添加剂的风险评估和管理。

还要由承担食品添加剂新品种安全性评审的机构挑选2～3名专家，对食品添加剂新品种研制及生产现场进行现场核实、评价。对尚无相应产品标准的食品添加剂新品种，承担食品添加剂新品种安全性评审的机构应当在申请者提交资料基础上，组织对产品标准（包括鉴别、主要技术指标要求及相应的检验方法）进行验证，验证结果作为食品安全风险评估的依据。卫生部根据食品添加剂技术上必要性和食品安全风险评估结果，对符合食品安全要求的，依法决定准予许可并公布食品添加剂新品种、使用范围和用量，同时公布食品添加剂新品种的质量规格要求，作为企业组织生产的依据。■

卫生部卫生监督中心
National Center for Health Inspection and Supervision

# 34 我国有关食品添加剂的法律法规有哪些？哪里能查到？

我国有关食品添加剂的法律法规主要列举如下：由第十一届全国人民代表大会常务委员会第七次会议通过，并于2009年6月1日起施行的《中华人民共和国食品安全法》，其中第四十三条规定，国家对食品添加剂的生产实行许可制度。申请食品添加剂生产许可的条件、程序，按照国家有关工业产品生产许可证管理的规定执行。《中华人民共和国食品安全法》可在中央政府门户网站（http://www.gov.cn/flfg/2009-02/28/content_1246367.htm）查到。

卫生部于2011年4月20日发布的GB 2760—2011《食品安全国家标准 食品添加剂使用标准》，继续沿用的GB 14880—1994《食品营养强化剂使用卫生标准》，还有于2011年7月发布实施的GB 26687—2011《食品安全国家标准 复配食品添加剂通则》和于2011年4月20日发布的GB 7718—2011《食品安全国家标准 预包装食品标签通则》(于2011年4月20日实施)，其中对预包装食品的标签上食品添加剂通用名称的标示方式作了相应规定。这些标准都可以在卫生部的网站上查到（www.moh.gov.cn，http://www.moh.gov.cn/publicfiles/business/htmlfiles/mohwsjdj/s7891/201105/51641.htm）。

有关食品添加剂生产管理的规定有《中华人民共和国工业产品生产许可证管理条例实施办法》（国家质检总局令第130号）、《食品添加剂生产监督管理规定》(国家质检总局令2010年第127号)、《食品添加剂生产许可审查通则》(国家质检总局公告2010年第81号)、《关于做好复配食品添加剂生产监管工作的通知》(国质检食监函〔2011〕728号)。这些规定都可以在国家质量监督检验检疫总局的网站上查到(www.aqsiq.gov.cn)。■

听听孙宝国院士说食品添加剂

更多关注

# 35 是否有专门的机构和人员对食品中使用食品添加剂的情况进行检查和监督？

在我国，国家卫生部主管全国食品添加剂的卫生监督管理工作，包括食品添加剂的审批、生产经营和使用、标示和说明书三个部分内容；由卫生部牵头，完善食品添加剂管理法规，修订食品添加剂使用标准。除此以外，国家质量监督检验检疫总局、国家工商总局和国家食品药品监督管理局分别对食品生产、食品流通、餐饮服务中的食品添加剂使用进行监管。例如，国家质量监督检验检疫总局负责严格食品添加剂生产许可制度，加强食品添加剂的标签标识管理，实施食品生产加工企业食品添加剂使用登记备案制度，以及食品添加剂产品质

量检查；国家工商总局负责流通环节中食品添加剂的监管和监控，对食品质量进行全过程的监测和快速检验，并对食品添加剂销售主体资格和进销货台账进行监管；国家食品药品监督管理局对餐饮环节食品添加剂的规范使用和索证验货制度进行监管。

2008年以来，卫生部联合国家工商总局、国家质量监督检验检疫总局、国家食品药品监督管理局、工业和信息化部、公安部、监察部、农业部、商务部等9部门，在全国范围内多次开展打击使用非法添加物质和滥用食品添加剂的专项整治行动，切实保护人民群众的身体健康，保障食品添加剂行业的健康发展。■

为什么过氧化氢又成为食品添加剂了？

更多关注

# 36 同一种食品添加剂，为何用于不同食品时却有不同标准要求？

同一种食品添加剂用于不同食品时有不同标准要求，这与我们食用不同食品的量有关。

任何一种食品添加剂的使用标准都是按照以下程序制定的：首先进行动物毒性试验确定动物最大无作用剂量（MNL），将最大无作用剂量除以安全系数（100），即可求得人体每日允许摄入量（ADI）。ADI乘以平均体重即为成人的每日允许摄入总量。确定某物质的每日允许摄入总量后，就需要进行人群的膳食调查，不同人群的膳食习惯不同，对某种食物的摄入量也不同，如中国人习惯吃米饭，而西方人习惯吃面包、糕点等面食，根据膳食中含有该物质的各种食品的每日摄取量，分别制定出其中每种食品含有该物质的最高允许量。

标准中食品添加剂在食品中的最大使用量就是根据上述各种食品中的最高允许量并略低于它制定出的，目的是为了人体的安全。另外，在制定某种食品中的最大允许用量时，还要按照该物质的毒性及在食品中使用的实际需要而定。因此，同一种食品添加剂，用于不同食品时有不同的标准要求。■

# 37 什么是食品添加剂的使用原则？

从GB 2760—2007开始明确规定了食品添加剂的使用原则。

（1）食品添加剂在使用时应符合以下基本要求：①不应对人体产生任何健康危害。这表明任何允许使用的食品添加剂都必须安全可靠，且其生产应符合国家卫生标准。② 不应掩盖食品腐败变质。如黑心烤鸭事件，就是通过加入色素、香精香料等手段掩盖原料的异味、变色等，是典型的利用食品添加剂掩盖食品腐败变质的非法案件。③不应掩盖食品本身或加工过程中的质量缺陷或以掺杂、掺假、伪造为目的而使用食品添加剂。如造假牛肉事件，就是以猪肉为原料，添加各种食品添加剂后冒充牛肉半成品销售。④不应降低食品本身的营养价值。如一些漂白剂由于使用不当，从而在使用过程中与一些食品中的营养成分发生反应，导致食品的部分营养成分遭到破坏。⑤在达到预期目的前提下，尽可能降低在食品中的使用量。⑥食品工业用加工助剂一般应在制成最后成品之前除去，有规定食品中残留量的除外。

（2）在以下情况下可以使用食品添加剂：①保持或提高食品本身的营养价值；②作为某些特殊膳食用食品的必要配料或成分；③提高食品的质量和稳定性，改进其感官特性；④便于食品的生产、加工、包装、运输或者贮藏。

（3）食品添加剂和食品工业用加工助剂应当符合相应的质量标准，且使用时符合使用标准。

（4）带入原则。除直接添加外，食品添加剂可以通过食品配料（含食品添加剂）带入到食品中。具体要求见“38　什么是食品添加剂带入原则？”。■

# 38 什么是食品添加剂带入原则?

食品添加剂的带入原则是：某种食品添加剂不是直接加入到食品中，而是通过其他含有该种食品添加剂的食品原（配）料带入到食品中的。根据GB 2760—2011规定，这种带入应符合以下几个原则：①食品配料中允许使用该食品添加剂；② 食品配料中食品添加剂的用量不应超过允许的最大使用量；③应在正常生产工艺条件下使用这些配料，并且食品中食品添加剂的含量不应超过由配料带入的水平；④ 由配料带入食品中的食品添加剂的含量应明显低于直接将其添加到该食品中通常所需要的水平。

分析食品添加剂是否符合带入原则时，应结合产品的配方综合分析。如卤肉制品中不得使用防腐剂，而生产卤肉制品时一般都会添加酱油，酱油中往往添加了苯甲酸钠为防腐剂，在进行卤肉制品分析时

就会检测出苯甲酸钠，这时，需要用带入原则判断卤肉制品是否合格。首先，需要确定所用酱油是否允许使用苯甲酸钠，根据GB 2760—2011规定，酱油产品是可以使用防腐剂的；其次，要确定酱油产品中添加的苯甲酸钠量是否符合标准，如果超过了，则说明该卤肉制品不合格，如果没有超标，则需要进一步确定卤肉制品中苯甲酸钠的含量是否超过了其生产过程中所加酱油中苯甲酸钠的含量，如果超过了，说明在卤肉生产过程中额外添加了苯甲酸钠，如果没有超过，则可认为卤肉制品中的苯甲酸钠是由酱油中带入的，产品是合格的。■

# 39 食品添加剂违规使用的主要问题有哪些？

目前，我国违规使用食品添加剂的问题，主要表现在以下四个方面。

（1）用食品添加剂来掩盖食品的腐败变质或质量缺陷，甚至以掺杂、掺假、伪造为目的而使用食品添加剂。例如，一些不法商贩在已经变质的动物食品原料中添加呈味剂、色素、发色剂和香精香料等，使不新鲜的原材料“改头换面”，生产外观和口感俱佳的肉松、火腿等食品。以假乱真的“化学红酒”，就是用各种色素、香精、甜味剂、酸味剂等食品添加剂和酒精混合，调配成不含一滴葡萄原汁的“100%原汁红葡萄酒”。这些行为，根据《中华人民共和国食品安全法》第二十八条“禁止生产经营腐败变质、油脂酸败、霉变生虫、污秽不洁、混有异物、掺假掺杂或者感官性状异常的食品”的规定，属于严重的违法行为。

（2）使用已经被国家标准禁止的食品添加剂品种。早年在各国作为肉、人造奶油防腐剂和饼干膨松剂的硼酸、硼砂，因为在体内蓄积、排泄很慢并影响消化酶的作用，每日食用0.5g即引起食欲减退，妨碍营养物质的吸收，导致体重下降等不良反应，已被国家标准废止使用，但由于成本低廉和效果明显，仍有可能被违法添加在腐竹、肉丸、凉粉、面条等食品中。

（3）超范围使用食品添加剂。不同的食品添加剂有不同的添加范围，国家标准中规定膨化食品中不得加入糖精钠和甜蜜素等甜味剂，0至6个月婴幼儿配方食品中不得添加任何食用香精、香料等，但某些企业仍然超范围使用食品添加剂。

（4）超量使用食品添加剂。渍菜中超量使用着色剂，水果冻和蛋白冻中添加过量的着色剂、防腐剂和酸味剂，面点和月饼使用过多的乳化剂，糕点中添加过量膨松剂等，都是滥用食品添加剂的行为。■

# 40 三聚氰胺、苏丹红、瘦肉精、吊白块是食品添加剂吗？

三聚氰胺、苏丹红、瘦肉精、吊白块都不是食品添加剂。

例如，很多人误认为三聚氰胺是食品添加剂，其原因是多方面的，其中最主要的是混淆了添加剂和食品添加剂的概念。添加剂不等于食品添加剂，不应该将食品添加剂简化为添加剂。

添加剂的种类很多，如食品添加剂、饲料添加剂、药品添加剂、塑料添加剂、涂料添加剂、油墨添加剂、汽油添加剂等。三聚氰胺是添加剂，但它是水泥添加剂，在水泥里面作为高效减水剂；也是塑料添加剂，在塑料里面作为阻燃剂；还可以作为涂料添加剂，在涂料里面作为甲醛吸收剂。但是，三聚氰胺不是食品添加剂。

中国政府从来就没有许可三聚氰胺、苏丹红、瘦肉精、吊白块为食品添加剂，它们在食品中都是非法添加物。正确认识食品添加剂，严厉打击食品非法添加行为，对于维护食品安全是非常重要的。■

# 41 种植蔬菜使用的催熟剂是食品添加剂吗？

使蔬果“早熟”的催熟剂不属于食品添加剂，那么果实催熟剂到底是什么呢？

您一定还记得小时候，为了尽快地品尝到甘甜的柿子，我们会将青涩的生柿子放进米缸中等待它们快点变甜的乐趣吗？原来，将要成熟的植物会释放出乙烯而促进果实的成熟，而乙烯作为植物“成熟激素”的秘密被揭开后，人工合成乙烯就被广泛用于水果催熟了。

催熟是农业生产中的一个重要环节。例如，在收获香蕉、柿子时，为了便于运输和贮存，延长这些水果的货架寿命，可以用1%的乙烯利溶液喷洒在各种水果的表面，封盖后待其成熟；香蕉还可以采用硫黄熏蒸的方法催熟，这些都是化学催熟的方法。用催熟方法生产的猕猴桃、番茄品质都是好的。

有些未达到采摘标准的、用乙烯利催熟的蔬果，由于没有经过植物的自然生化成熟过程，淀粉不能充分地转化为蔗糖或葡萄糖，造成糖酸积累不够，所以味道会显得有些生涩味淡。■

# 42 在美国以及其他国家可以使用的食品添加剂也可以在中国使用吗？

并非国外允许使用的食品添加剂我国就可以使用。《中华人民共和国食品安全法》第四十三条明确规定“国家对食品添加剂的生产实行许可制度。”中国政府准许使用的食品添加剂名单分别列入了两个国家标准，一个是中华人民共和国GB 2760—2011《食品安全国家标准　食品添加剂使用标准》，另一个是中华人民共和国GB 14880—1994《食品营养强化剂使用卫生标准》。凡是列入这两个标准的食品添加剂，在中国都是合法的；凡是未列入这两个标准的食品添加剂，在中国使用都是非法的。因此，在美国以及其他国家可以使用的食品添加剂，如果未列入GB 2760—2011或GB 14880—1994，就不可以在中国使用。2009年蒙牛特仑苏OMP牛奶风波，就是因为在牛奶中添加了牛奶碱性蛋白（MBP）造成的。MBP这种食品添加剂已获得了美国和新西兰政府的使用许可，但我国当时尚未允许使用，这是一个典型的合理不合法使用食品添加剂的案例。

对食品添加剂实行许可制管理是世界各国的通行做法，一国政府准许使用的食品添加剂如果没被另外一个国家准许，就不能在这个国家使用。对于美国以及其他国家准许使用而中国未准许使用的食品添加剂，如果确有必要在中国使用，有关单位可以提出申请，经中国政府许可的机构进行安全性评价后，通过规定的程序列入GB 2760—2011或GB 14880—1994后即可在中国使用，简单地说，就是“先报批，后使用”。■

# 43 原本允许使用的食品添加剂，又会被国家禁止使用吗？

允许使用的食品添加剂品种也会发展变化。伴随着经济社会发展和科学技术的进步，一些新的、先进的食品添加剂被许可使用，一些食品添加剂被淘汰或限制使用范围，这是食品添加剂和食品工业发展的必然结果。

例如，中国从2011年5月1日起，就不允许在面粉中使用面粉增白剂过氧化苯甲酰了，并不是因为过氧化苯甲酰出了食品安全问题，而是认为无技术的必要。另外，以前大家大都喜欢吃白馒头，觉得馒头越白越好。一些人觉得吃白面条有幸福感，一些人吃白馒头有满足感，而正常面粉本身达不到那么白，用“富强粉”做的馒头也没那么白，所以才使得增白成为必要，增白剂应需而生。现在很多人开始吃黑色食品、紫色食品了，吃全麦馒头或杂粮馒头了。大家的饮食观念开始转变，大部分人认为没有必要单纯为了满足视觉和心理的需要而为馒头增白了，面粉增白剂也就退场了。■

从金箔作为食品添加剂引起的争论想到的……

更多关注

# 44 “没有食品添加剂就没有食品工业”，真是这样的吗？

“没有食品添加剂就没有现代食品工业”，这是食品界人士常说的一句话，也是客观现实，尽管如此，首先还必须强调，食品添加剂并非现代食品工业的产物，人类使用食品添加剂的历史与人类文明史一样悠久。卤水点豆腐是我国西汉时期发明的，距今已有两千多年历史，卤水就是一种食品添加剂。中国老百姓炸油条使用明矾、小苏打也是食品添加剂，已有一千多年的历史。

其次，我们必须看到，食品添加剂在现代食品工业中发挥着越来越重要的作用。无论是源于西方的面包、蛋糕、香肠、干红葡萄酒、啤酒、果汁饮料、冰淇淋、口香糖、巧克力和速溶咖啡，还是中餐的馒头、包子、油条、元宵、月饼、菜肴等，这些食品的制造都离不开食品添加剂，这是不以我们的好恶为转移的客观事实。假如没有了食品添加剂，商店里琳琅满目的各种食品将会不复存在。食品添加剂是一个国家科学技术和经济社会发展水平的标志之一，越是发达国家，食品添加剂的品种越丰富，人均消费量越大。没有食品添加剂不单是没有现代食品工业，也没有现代食品；油、盐、酱、醋、米、面里都有食品添加剂，没有食品添加剂家庭厨房也无法运转。■

# 45 营养强化剂也是食品添加剂吗？是不是越多越好？

营养强化剂也是食品添加剂，但并不是越多越好。为满足人类生长发育及特殊人群等对各种营养的需要，市场上有各种营养补充食品。这些食品就是在生产过程中人为地添加了营养强化剂后才加工而成的，所有添加的营养强化剂也都是食品添加剂。因此，营养强化剂除了要符合GB 14880—1994外，还应符合GB 2760—2011规定的标准及要求。由于营养强化剂是属于天然营养素范围的食品添加剂，消费者往往认为是越多越好，其实并非如此。人类对营养素的需求量，虽因人种、年龄、性别及职业等的不同有所差别，但基本上都有一大致的含量范围，过多不仅浪费而且还有危害作用，如过量摄入碘会产生高碘性甲状腺肿，影响智力发育等；过少则起不到补充作用，还误导了消费者，如严重缺碘会造成流产、先天畸形、甲状腺肿大等。因此，GB 14880—1994《食品营养强化剂使用卫生标准》对其食品强化营养素的使用范围及使用量都作了明确规定，并在附录中还强调，若食品原成分中含有某种物质，其含量达到营养强化剂最低标准1/2者，不得进行强化；使用已强化的食品原料制作食品时，其最终产品的营养强化剂含量必须符合本标准的要求；强化食品标签上必须标注营养强化剂的名称和含量，在保存期内不得低于标志含量等。■

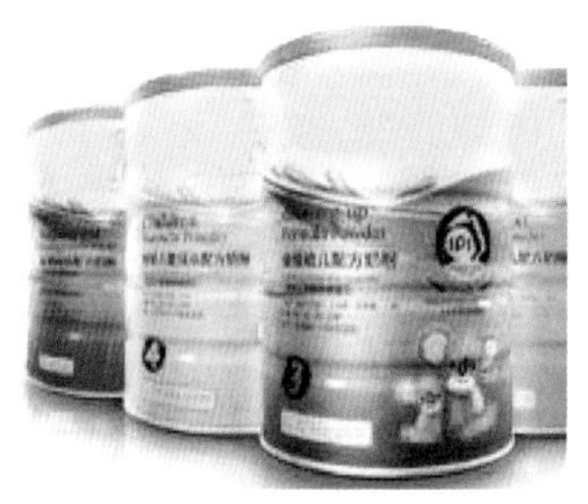

# 46 中国生产的食品添加剂出口吗？是否产品标准内外有别？

中国是世界食品添加剂生产大国，也是世界食品添加剂出口大国，许多食品添加剂的产销量都处在世界第一的位置，如味精、柠檬酸、木糖醇、香兰素、乙基麦芽酚等。

世界各国允许使用的食品添加剂品种和产品标准并不统一，中国出口到世界各地的食品添加剂都必须符合当地的标准，在我国销售的食品添加剂必须符合我国的相关标准，我国的食品添加剂标准从GB 2760—2007就是参考了国际食品法典委员会（CAC）《食品添加剂通用法典标准》[GENERAL STANDARD FOR FOOD ADDITIVES, *CODEX STAN 192—1995 (Rev. 6—2005)*] 制定的，处于世界先进水平。

我国食品添加剂传统出口产品是山梨醇、柠檬酸和柠檬酸盐、乳酸及其盐、酒石酸、葡萄糖酸及其盐、谷氨酸钠、甘露醇、糖精、苯甲酸钠、赖氨酸盐、甜蜜素等。中国是世界上最大的柠檬酸生产和出口国，产量和欧美相当，但出口量居世界第一。全世界每年糖精消耗量相当于1000万吨糖，占各种高倍甜味剂消费量的60%，美国是目前糖精钠的消费大国，中国是世界上糖精钠的主要生产国与出口国，技术成熟，年产量约3万吨，出口1.6万吨，占世界贸易量的50%以上。乙基麦芽酚的国际贸易量每年为1500t，中国已成为世界上唯一的麦芽酚和乙基麦芽酚生产国，年生产能力高达2000多吨，出口1200t。目前世界辣椒红产量约5000t，中国辣椒红产量3000t，生产技术和规模居世界领先地位。■

## 47 全球有统一的食品添加剂使用规范吗？

全球没有统一的食品添加剂使用规范。各国都有自己的食品添加剂使用标准，且不尽相同。联合国粮农组织（Food and Agriculture Organization of the United Nations，FAO）和世界卫生组织（World Health Organization，WHO）于1963年联合建立了国际食品法典委员会（Codex Alimentarius Commission，CAC），下设食品标准工作部门（Joint FAO/WHO Food Standards Programme，FSP），负责制定有关食品的各项标准，促进与协调各国食品标准的制定和各国间公平的食品贸易。在制定标准时，FSP则主要听取食品添加剂联合专家委员会（Joint FAO/WHO Expert Committee on Food Additives，JECFA）的专家意见。国际食品法典委员会所制定的《食品添加剂通用法典标准》也为各国所参考。国际食品法典委员会还不断召开修订食品添加剂标准的国际性会议，至2011年已召开过43届有关食品添加剂的国际性会议。国际食品法典委员会制定的食品添加剂标准以及各届会议对标准的修订和补充均可在其网站查到（www.codexalimentarius.net或www.codexalimentarius.or）。■

FAO/ WHO Food Standards
CODEX alimentarius

# 48 全球有统一的食品添加剂评价方法吗？

全球没有统一的食品添加剂评价方法。各国发布自己的食品添加剂评价方法，且不尽相同。国际食品法典委员会（Codex Alimentarius Commission，CAC）下设食品标准工作部门（Joint FAO/WHO Food Standards Programme），负责制定有关食品的各项标准。国际食品法典委员会所制定的《食品添加剂通用评价方法》(General Methods of Analysis for Food Additives)以及《食品添加剂摄入的基本评价指南》(Guidelines for Simple Evaluation of Food Additive Intake)等也为各国所参考。国际食品法典委员会制定的食品添加剂通用评价方法等可在其网站上查到（www.codexalimentarius.net 或www.codexalimentarius.or）。■

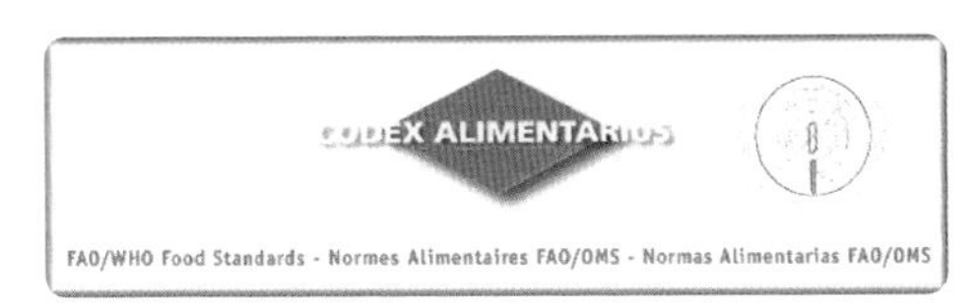

退运违规使用安赛蜜的进口啤酒说明什么?

更多关注

# 49 是否有其他国家没有批准使用的食品添加剂，而我国允许使用？

中国从1981年开始对食品添加剂进行统一管理，批准的食品添加剂名单列入GB 2760—2011。中国在食品添加剂审批上非常谨慎，除了按照中国法定程序进行安全性评价和品种审批外，还有一个不成文的规矩，就是一般国际上有两个以上发达国家批准使用的食品添加剂中国才会批准。

但也有一些源于中国传统食品和香辛料的食品添加剂，中国是率先批准使用的，如罗汉果提取物、竹叶提取物、山楂酊、白芷酊、豆豉酊、豆豉油树脂、枣子酊、桂花浸膏、桂圆酊、绿茶酊、墨红花浸膏等。

我国的罗汉果糖苷和日本科学家发现的甜菊糖作为天然甜味剂在2010年才被美国食品及药物管理局批准，在此之前已被世界许多国家允许使用。■

为什么调整了含铝添加剂使用规范?

更多关注

## 50 儿童、老年等特殊人群的食品是否对食品添加剂的使用有特殊规定？

我国对儿童、老年等特殊人群的食品中食品添加剂的使用有特殊规定。

GB 2760—2011对婴幼儿配方食品、婴幼儿辅助食品和特殊医学用途配方食品使用的食品添加剂都作出了最大量限定。而且婴幼儿配方食品和特殊医学用途配方食品中不得添加食用香料、香精。但是较大婴儿和幼儿配方食品中可以使用香兰素、乙基香兰素和香荚兰豆浸膏（注：香兰素是香荚兰豆的主要香料成分，也可以采用化学合成或生物合成的方法获得；乙基香兰素是香兰素的乙基取代化合物，较香兰素香气更为优雅、爽快，不存在于天然物中，主要由化学法合

成；香荚兰豆浸膏是香荚兰豆的提取物，主要成分是香兰素），最大使用量分别为5mg/100mL（以即食食品计，下同）、5mg/100mL和按照生产需要适量使用，生产企业应按照冲调比例折算成配方食品中的使用量；婴幼儿谷类辅助食品中可以使用香兰素，最大使用量为7mg/100g（以即食食品计），生产企业应按照冲调比例折算成谷类食品中的使用量；凡使用范围涵盖0至6个月婴幼儿配方食品不得添加任何食用香料。

目前允许在特殊医学用途配方食品中使用的食品添加剂只有作为酸度调节剂的碳酸氢钾。

甜味剂阿斯巴甜对苯丙酮酸尿症患者会有危害，因此GB 2760—2011规定添加阿斯巴甜的食品应标明："阿斯巴甜（含苯丙氨酸）"。■

## 51 生产出口食品时，在食品添加剂方面要注意哪些国际管理规定？

各个国家和地区对食品添加剂都有相应的管理规定。

欧盟食品添加剂法规 [ Regulation (EC) No 1333/2008 on Food Additives ] 协调整个欧盟在食品中使用的食品添加剂。该法规附录2中的食品添加剂只可在指定条件下用于食品中；附录3中的食品添加剂只可在指定条件下用于食品添加剂、食品酶和食品香料中。还特别制定了着色剂、甜味剂的使用规定。

美国的食品添加剂使用规定在联邦法规21章的172至178部分。分为直接食品添加剂(Direct Food Additive )、次级直接食品添加剂(Secondary Direct Food Additive)和间接食品添加剂(Indirect Food Additive)的使用规定。

日本劳动厚生省颁布的食品卫生法对食品添加剂采用名单(肯定列表)管理，按照食品添加剂的类别为排列顺序介绍了允许使用的食品添加剂功能类别、食品添加剂名称、目标食品、最大限量、使用限制等内容。

澳大利亚Standard1.3.1《食品添加剂》按照食品类别规定了每个食品类别中允许使用的食品添加剂及使用量。

加拿大食品药品法规B部分中“DIVISION16食品添加剂”以列表的形式规定了允许使用的添加剂品种、使用范围及最大使用量，并对食品色素、环己基氨基磺酸盐和糖精类甜味剂的使用、规格标准、销售、进口、标签和广告等做了更具体的规定。

国际食品法典委员会(CAC)是1963年由联合国粮农组织(FAO)和世界卫生组织(WHO)联合建立的政府间国际组织，负责协调、制定的国际食品标准、准则和建议，统称为“食品法典”，以保护消费者健康和保证公平贸易；其制定的《食品添加剂通用法典标准》(GSFA)，是非强制性标准，介绍了允许使用的食品添加剂、不允许使用的食品添加剂、食品添加剂的最大使用量等内容。■

# 52 为什么国内与国外的食品添加剂标准是不同的？

通常我们所说的食品添加剂标准包括产品使用标准和产品标准两大类。后者主要规定了食品添加剂的鉴别试验、纯度、杂质限量以及相应的检验方法，以保证产品的质量，这方面全球所有国家基本相同。消费者觉得国内外食品添加剂标准不同的方面主要是指使用标准，即不同的食品添加剂能用在什么食品中，用量是多少，残留量允许多少等内容，各国往往不尽相同。

一般来说，世界各地的食品添加剂残留量规定不同主要源于人们的饮食习惯和生活方式等的不同。比如，美国人比中国人吃烘焙食品更多，因此与烘焙食品关系较大的反式脂肪酸的危害问题，他们考虑得可能就比我们更多。许多亚洲人以大米为主食，理论上对大米中食品添加剂的残留规定就会更严格。由于我们对防腐剂应用更敏感，考虑就会更多些。

此外，同一种物质可能存在不同的残留标准的情况。虽然同一种化学品的安全验证科学数据是世界共享的，但是作为公共决策的“卫生安全标准”，还是人制定的。标准的制定，主要依据“必要性”和“安全性”的权衡。而不同国家和地区的主管部门，衡量标准不同，就会制定出不同的“安全标准”。2011年发生的面粉处理剂禁用事件和中国台湾公布了一批可口可乐原液中检出防腐剂“对羟基苯甲酸甲酯”的新闻，是两个最典型的例子。最终取消面粉增白剂过氧化苯甲酰是由于我国的管理部门认为无技术的必要。中国台湾因为没有制定对羟基苯甲酸甲酯可用于碳酸饮料的规定，就判定在可口可乐原液中使用对羟基苯甲酸甲酯违规，而这一食品添加剂在中国大陆、美国、欧盟都是可以应用的。■

# 53 我国是怎样规定食品标签上食品添加剂的标示方式？

我国食品生产经营企业标签管理执行GB 7718—2011《食品安全国家标准　预包装食品标签通则》和2007年国家质量监督检验检疫总局颁布的《食品标识管理规定》。

2012年4月20日正式实施的GB 7718—2011中规定，食品添加剂应当采用GB 2760—2011中的通用名称，既可以标示为其具体名称，也可标示为其功能类别名称并同时标示具体名称或国际编码（INS号）。

有两类食品添加剂，不需要在食品配料中标注。一类是加入量小于食品总量25%的复合配料中含有的食品添加剂，若符合GB 2760—2011规定的带入原则，并且在最终产品中不起作用的，不需要标注；另一类是食品添加剂中的加工助剂，不必标注。

直接使用的食品添加剂应在食品添加剂项中标注。食品添加剂项在配料表中的顺序按照加入量的递减顺序标注。当调味料等食品添加剂的加入量不超过配料总量的2%时，由于其在配料比例中占的份额很少，不要求按递减顺序排列。营养强化剂、食用香料香精、胶基糖果中基础剂物质属于特殊标识的配料，可在配料表的食品添加剂项外进行标注。

除名称以外，食品添加剂配料的定量标示规定，对于产品中特别强调添加的配料或成分，应标示含量，如营养强化食品“高钙饼干”食品标签中，就应当标示产品中营养强化剂活性离子钙的具体添加量或含量。■

# 54 我国对食品添加剂的使用量有哪些规定？

GB 2760—2011规定了食品添加剂的最大使用量或残留量。除此以外，有以下几点注意事项。

（1）某些食品添加剂及其衍生物，使用量应该按照其实际有效添加成分来计算。比如，丙酸及其钠盐、钙盐是同一性质的防腐剂，最大使用量都是以其中的有效成分丙酸来计算的。

（2）同一功能的食品添加剂（比如，相同色泽着色剂、防腐剂、抗氧化剂）在混合使用时，各自用量占其最大使用量的比例之和不应超过1。

（3）某些食品添加剂可在特定的食品中按照生产需要适量使用。

（4）同一食品添加剂，在不同的食品中可能会有不同的添加量要求。例如，着色剂辣椒红，在人造奶油、冷冻饮品、可可制品、糖果等食品中可以按照生产需要适量使用，但在糕点中最大使用量为0.9g/kg，在调理肉制品中最大使用量为0.1g/kg。并且，同一食品添加剂在不同的食品中，还可以按照实际稀释或冲调的倍数增加使用量。■

对食品添加剂的动态管理

更多关注

# 55 什么是食品用香料、香精的使用原则?

食品用香料、香精的使用原则主要涉及如下内容。

用于配制食品用香精的食品用香料品种应符合GB 2760—2011的规定。用物理方法、酶法或微生物法(所用酶制剂应符合GB 2760—2011的有关规定)从食品(可以是未加工过的，也可以是经过了适合人类消费的传统的食品制备工艺的加工过程)制得的具有香味特性的物质或天然香味复合物可用于配制食品用香精。

具有其他食品添加剂功能的食品用香料，在食品中发挥其他食品添加剂功能时，应符合GB 2760—2011的规定。例如，苯甲酸、肉桂醛、瓜拉纳提取物、二醋酸钠、琥珀酸二钠、磷酸三钙、氨基酸等。

食品用香精可以含有对其生产、贮存和应用等所必需的食品用香精辅料(包括食品添加剂和食品)。食品用香精辅料应符合以下要求。

(1) 食品用香精中允许使用的辅料应符合QB/T 1505《食用香精》标准的规定。在达到预期目的前提下尽可能减少使用品种。

(2) 作为辅料添加到食品用香精中的食品添加剂不应在最终食品中发挥功能作用，在达到预期目的前提下尽可能降低其在食品中的使用量。

食品用香精的标签应符合QB/T 4003《食用香精标签通用要求》标准的规定。

凡添加了食品用香料、香精的食品应按照国家相关标准进行标示。■

## 56 国标对食品用香料、香精在各类食品中使用量是怎样规定的？

GB 2760—2011对食品用香料、香精在各类食品中使用量的规定如下。

（1）食品用香料、香精在各类食品中按生产需要适量使用。

（2）在巴氏杀菌乳、灭菌乳、发酵乳、稀奶油、植物油脂、动物油脂(猪油、牛油、鱼油和其他动物脂肪)、无水黄油、无水乳脂、新鲜水果、新鲜蔬菜、冷冻蔬菜、新鲜食用菌和藻类、冷冻食用菌和藻类、原粮、大米、小麦粉、杂粮粉、食用淀粉、生鲜肉、鲜水产、鲜蛋、食糖、蜂蜜、盐及代盐制品、婴幼儿配方食品、饮用天然矿泉水、饮用纯净水、其他饮用水等食品没有加香的必要，不得添加食品用香料、香精。

（3）凡使用范围涵盖0至6个月婴幼儿配方食品不得添加任何食用香料。但是，较大婴儿和幼儿配方食品中可以使用香兰素、乙基香兰素和香荚兰豆浸膏，最大使用量分别为5mg/100mL、5mg/100mL和按照生产需要适量使用，其中100mL以即食食品计，生产企业应按照冲调比例折算成配方食品中的使用量；婴幼儿谷类辅助食品中可以使用香兰素，最大使用量为7mg/100g，其中100g以即食食品计，生产企业应按照冲调比例折算成谷类食品中的使用量。■

## 57 食品中的香气都是从哪里来的？为什么要使用食用香精？

食品中香味的来源主要有三个方面：一是食品基料（如米、面、鱼、肉、蛋、奶、水果、蔬菜等）中原先就存在的，这些食品基料构成了人类饮食的主体，也是人体必需营养成分的主要来源；二是食品基料中的香味前体物质在食品加工过程（如加热、发酵等）中发生一系列化学变化产生的；三是在食品加工过程中有意加入的，如食品用香精、调味品、香辛料等。尽管食品中的香味成分在食品组成中含量很小，但其地位却是举足轻重的。

同一种食品的香味可能是通过以上一种或几种途径为主产生的，如面包的香味主要是通过发酵、焙烤和添加食品用香精产生的。

食品工业是从厨房走出来的。对大多数在厨房用传统方法手工制作的食品而言，由于配料精细、制作方法考究、加热时间适宜等原因，其香味一般都饱满诱人。但对于在食品厂采用现代化设备大规模、快速生产的食品而言，其香味一般不如传统厨房制作的食品可口，必须额外添加能够补充香味的物质，也就是食用香精。

食用香精的作用可以概括为“增香提味、改善品质”八个字，主要体现在两个方面：一是为食品提供香味，一些食品基料本身没有香味或香味很小，加入食用香精后具有宜人的香味，如软饮料、冰淇淋、果冻、口香糖、糖果等；二是补充和改善食品的香味，一些加工食品由于受加工工艺、加工设备、加工时间等的限制，香味往往不足或香味不正或香味特征性不强，加入食用香精后能够使其香味得到补充和改善，如罐头、香肠、面包、速冻食品等。■

# 58 食品添加剂有保质期吗?

食品添加剂是有保质期的，其保质期测试可用保质期专用检测设备保质期试验箱来检测，通过模拟市场销售环境和贮存环境等进行加速试验（也就是破坏性实验）来检测产品的保质期。不同食品添加剂保质期不同，由产品的实际情况而定。《食品安全国家标准　食品添加剂标识通则（征求意见稿）》中规定：应清晰标示食品添加剂的生产日期和保质期。如日期标示采用“见包装物某部位”的形式，应标示所在包装物的具体部位。日期标示不得另外加贴、补印或篡改。但根据GB 7718—2011的规定，味精可以不用标注其保质期。

此外，值得注意的是，食品添加剂添加在食品中，其所处的外界环境已经不是单一的添加剂了，保质期改变是完全有可能的。同时，食品保质期的确定也需要根据所添加的配料来综合评估，不可一概而论。■

# 59 同一种食品添加剂为什么有多种标示？

食品添加剂品种繁多，学名、俗名、地方名、商品名等名称众多，难以统一。如碳酸氢钠，又称小苏打或苏打粉，防腐剂山梨酸钾又称山梨酸K等。另外，有些企业在产品配料表中采用GB/T 12493《食品添加剂分类和代码》（注：该标准已被GB 2760—2007替代）中规定的编码或欧盟食品添加剂编码体系中的编码来代替中文名称，对食品中的部分添加剂进行标示。

根据GB 7718—2011和GB 2760—2011中的规定，食品添加剂应在食品标签上正确和规范标注。食品添加剂应当标示其在GB 2760—2011中的食品添加剂通用名称。食品添加剂通用名称可以标示为食品添加剂的具体名称，也可标示为食品添加剂的功能类别名称并同时标示食品添加剂的具体名称或国际编码（INS号）。

如雀巢咖啡在标示部分食品添加剂时采用的就是食品添加剂的功能类别名称和国际编码的标示形式，如产品中稳定剂和乳化剂的标示为：稳定剂（E340ii，E452i，E331iii）、乳化剂（E471，E472e），其中稳定剂和乳化剂都是食品添加剂的功能类别名称，而E340ii，E452i，E331iii，E471，E472e则为国际编码。这些食品添加剂在标示时也可以直接标示它们的具体名称，稳定剂E340ii、E452i、E331iii可分别标示为磷酸氢二钾、六偏磷酸钠、柠檬酸钠，而乳化剂E471、E472e则可标示为单，双甘油脂肪酸酯和双乙酰酒石酸单双甘油酯。■

# 60 营养食品也有食品添加剂吗?

凡是通过添加营养强化剂生产出的营养补充食品，肯定有食品添加剂的，因为营养强化剂属于食品添加剂的一类。

人类的生长发育需要各种营养，这些营养完全要通过饮食，由食物直接或间接提供。由于不同地区的人们膳食习惯、食物品种及烹饪或加工水平等原因，常使日常膳食中不能包含人体所需的全部营养素，往往会出现某些营养上的缺陷。为解决公众健康问题，根据不同地区及不同人群的营养调查，国家提出并制定了食品营养强化的方法和相关规定及标准要求，旨在有的放矢地通过营养强化来解决营养缺陷问题，达到减少和防止疾病的发生，增强人体体质。因此，市场上就有了各种各样的营养补充食品。

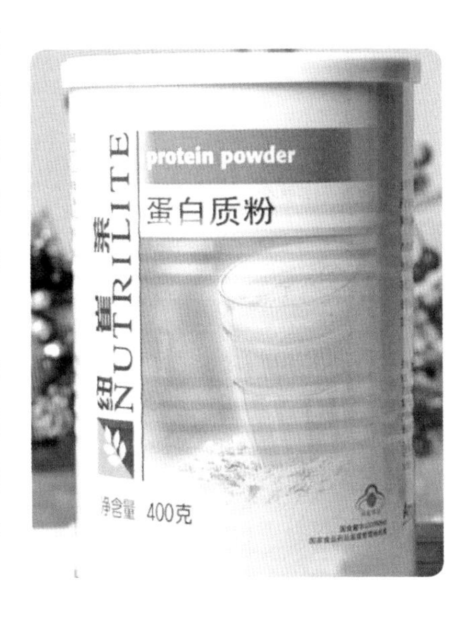


任何食品都需要抗氧化、防腐，都避免不了使用抗氧化剂和防腐剂；调味需要香料香精、增味剂、乳化剂、稳定剂等；生产中还需要食品加工助剂。■

# 61 我国新颁布的食品添加剂标准都有哪些修改和补充?

我国食品添加剂和食品营养强化剂的使用应符合GB 2760—2011和GB 14880—1944的规定。随着食品工业的迅速发展及人民不断增长的饮食和健康需要，卫生部先后颁布了GB 2760—1981、GB 2760—1986、GB 2760—1996、GB 2760—2007、GB 2760—2011等多个版本，期间也曾多次组织专家对标准进行修正。GB 2760—2011是第七次修订，与被代替的GB 2760—2007相比，有以下几大变化。

（1）修改了标准名称，由原来的《食品添加剂使用卫生标准》改为《食品添加剂使用标准》。

（2）增加了2007年至2010年第4号卫生部公告的食品添加剂规定。

（3）对原有的查询方式进行了修改，删除了原标准中的表A.2。

（4）调整了部分食品添加剂的使用规定。

（5）调整了部分食品分类系统，并按照调整后的食品类别对食品添加剂使用规定进行了修改。

GB2760—2014版与2011版主要变化

更多关注

（6）增加了食品用香料、香精的使用原则，调整了食品用香料的分类。

（7）增加了食品工业用加工助剂的使用原则，调整了食品工业用加工助剂的名单。

# 三 应用篇

# 62 食品添加剂是怎样复配的？

复配食品添加剂是将几种乃至十几种食品添加剂按照一定比例复合而成，既可以是同种类别和功能的，也可以是不同类别和功能的添加剂。与单一的食品添加剂相比，在使用效果、加工性能和经济成本上，复配食品添加剂具有不可比拟的优势，深受食品生产经营厂家的欢迎。

根据GB 26687—2011和GB 2760—2011的规定，复配食品添加剂在达到预期的效果下，应尽可能降低在食品中的用量；用于生产复配食品添加剂的各种食品添加剂，应符合GB 2760 —2011和卫生部公告的规定，具有共同的使用范围；复配食品添加剂在生产过程中

不应发生化学反应，不应产生新的化合物。

为了达到增效的作用，使用同种功能的食品添加剂时，各食品添加剂的添加量要遵循以下规则：如A和B是同一功能有共同范围C的两种食品添加剂，A添加剂在C中的实际使用量为$a$，标准规定A在C中的最大使用量为$a'$，B在C中的实际使用量为$b$，标准规定B在C中的最大使用量为$b'$，那么A和B的添加量用公式表示为：$a/a'+b/b'\leqslant 1$。

例如，GB 2760—2011规定碳酸饮料中防腐剂苯甲酸钠和二甲基二碳酸盐的最大使用量分别为0.2g/kg和0.25g/kg，如果这两种防腐剂在碳酸饮料中同时使用，且实际使用量分别为$a$和$b$，则应满足：$a/0.2+b/0.25\leqslant 1$。■

# 63 使用食品添加剂是造假行为吗？

只要按GB 2760—2011标准和要求使用食品添加剂，并进行有效标识，就不是造假行为。随着人们生活水平的提高和生活节奏的加快，人们对食物的感官品质、方便性及可保存时间等方面提出了苛刻的要求，从而也促进了大规模的现代化的食品工业的发展，也只有现代化的食品工业才能提供大量的、标准化的、安全的和符合人们需要的食品。目前超市上琳琅满目的食品，如按照家庭方式来生产，几乎是不可能的。同样如果真的不加入食品添加剂，大部分食品要么难看、难吃或难以保鲜，要么就是价格较贵。因此，没有食品添加剂就没有现代化的食品企业及产品。

由于近几年国家加大了监管和对造假行为的处理报道，加之“本品绝对不含任何添加剂”等广告，让人感到是食品添加剂为食品造假推波助澜。其实这是对食品添加剂的误解。中国应用食品添加剂的历史已经很久了，早在东汉时期，就有使用盐卤作凝固剂制作豆腐的记载。目前，全世界食品添加剂品种达到上万种，且越发达国家食品添加剂的品种越多。我国于1996年出台了GB 2760—1996，10年后，2007年国家颁布了更严格的食品添加剂国标，从过去禁止使用什么添加剂，具体到每种食品允许使用什么。2011年国家又在原食品添加剂基础上对标准进行了完善和修订。■

# 64 食品添加剂有营养价值吗？

多数食品添加剂有营养价值，但营养价值很低。食品添加剂是为改善食品品质和色、香、味以及为防腐、保鲜和加工工艺的需要而加入食品中的很少量的人工合成的或者天然的物质。相比较被添加的食品来说，食品添加剂的量是很少的，所以大多数食品添加剂的营养价值也是很低的，但部分食品添加剂具有保持或提高食品营养价值的作用，如食品添加剂中的营养强化剂。在食品加工时适当地添加牛磺酸、各种维生素、氨基酸和矿质元素等营养强化剂，就能保证人们在各生长发育阶段、特殊人群及各种劳动条件下获得合理的均衡的营养，以满足人体生理、生活和劳动的正常需要，可见营养强化剂有较好的营养价值。还有些食品添加剂，功能上不起营养强化作用，如一些氨基酸类增味剂、糖类甜味剂、油脂类乳化剂、多糖类增稠剂等，但它们本身就是营养素成分。当然也有些食品添加剂是没有营养价值的。因此，具体情况要具体分析。■

硫磺熏的玫瑰花有毒吗？

更多关注

## 65 方便面中需要用到哪些食品添加剂？各起了什么作用？

方便面包括面饼、调味料的生产都会使用食品添加剂。

方便面的面饼中使用的食品添加剂有：

（1）瓜尔胶，作为增稠剂，在面条中起到增筋作用，使面条表面光滑；

（2）大豆磷脂，作为乳化剂，可以增加面条的韧性；

（3）海藻酸丙二醇酯、乙酰化二淀粉磷酸酯，作为增稠剂，提高方便面的弹性、抗老化等性能；

（4）羧甲基纤维素钠，增加面条的弹性和韧性，使口感细腻润滑；

（5）碳酸钾、碳酸钠，作为面条品质改良剂，可增加面条的弹性和延展性；

（6）三聚磷酸钠、六偏磷酸钠、焦磷酸钠，作为抗结剂、水分保持剂，增加面条的吸水力，使制出的面条色泽白润、筋力强、弹性好；

（7）维生素E、丁基羟基茴香醚（BHA）、二丁基羟基甲苯（BHT）、叔丁基对苯二酚等，作为抗氧化剂，用于抑制油炸面饼中的油脂氧化变质，延长保质期。

方便面的调味粉包和酱包中使用的食品添加剂有：

（1）琥珀酸二钠、5′-呈味核苷酸二钠、谷氨酸钠等，作为增味剂，用于增强风味；

（2）胭脂红、核黄素、栀子黄、辣椒红、姜黄、姜黄素等，作为着色剂，用于改变食品外观，增强食欲；

（3）食用香料、香精，具有增香作用；

（4）茶多酚、维生素E等，用作抗氧化剂，用来抑制油脂等氧化变质，延长保质期。■

## 66 肉制品中需要用到哪些食品添加剂？各起了什么作用？

GB 2760—2011将肉制品分为3大类15小类：①生鲜肉类，包括生鲜肉、冷却肉（包括排酸肉、冰鲜肉、冷鲜肉等）、冻肉；② 预制肉制品，包括调理肉制品（生肉添加调理料）、腌腊肉制品类（如咸肉、腊肉、板鸭、中式火腿、腊肠）；③熟肉制品，包括酱卤肉制品类（白煮肉类、酱卤肉类、糟肉类），熏、烧、烤肉类，油炸肉类，西式火腿（熏烤、烟熏、蒸煮火腿），肉灌肠类，发酵肉制品类，熟肉干制品（肉松类、肉干类、肉脯类），肉罐头类，可食用动物肠衣类，其他肉及肉制品。

肉制品种类繁多，加工方法各异，需要有各种食品添加剂来提高产品质量，有利于防腐保鲜等。主要的添加剂有防腐剂、抗氧化剂、品质改良剂、发色剂与色素、水分保持剂、增味剂与香精、酶等。肉

制品为典型的高蛋白高脂肪食品，为延长产品保质期，防腐剂的主要作用是抑制败坏变质、抑制可能的肉毒杆菌等。主要的防腐剂有单辛酸甘油酯、纳他霉素、乳酸链球菌素、双乙酸钠、脱氢乙酸及其钠盐等。抗氧化剂的作用在于防止氧化，保证品质，合成的有丁基羟基茴香醚（BHA）、二丁基羟基甲苯（BHT）叔丁基对苯二酚（TBHQ）、没食子酸丙酯；天然的有各种提取物，如茶多酚、甘草抗氧化物、迷迭香提取物、植酸及其钠盐、竹叶抗氧化物。品质改良剂包括各种胶，如刺云实胶、决明胶、可得然胶、沙蒿胶、壳聚糖类、亚麻籽胶等作为增稠剂。水分保持剂如磷酸盐。发色剂与色素可改进色泽，常用的有亚硝酸盐、硝酸钠、抗坏血酸、异构抗坏血酸钠等。增味剂和香精的作用在于改进口感，如甘氨酸、甘草、甘草酸铵等。■

卡拉胶能用在牛排生产加工吗?

更多关注

# 67 为什么现在生产的老酸奶要加食品添加剂?

近来，国内多家媒体先后以《“老酸奶”实为明胶“奶冻”》、《老酸奶是炒作概念》等为题，质疑老酸奶内添加了“明胶”等食品增稠剂，而蛋白质含量并不比普通酸奶高等问题。实际上，酸奶的浓稠度和营养并没有直接关系。

酸奶产品按照加工工艺的不同，分为凝固型和搅拌型，老酸奶属于凝固型酸奶，是将鲜奶半成品先灌装密封后再发酵，由于制作工艺比较古朴，因而称为“老酸奶”。为了保证良好的口味，老酸奶通常选用优质的鲜奶发酵加工而成，而且所用的发酵时间是普通酸奶的8倍左右。而市场上出售的搅拌型酸奶，是将牛奶先发酵、搅拌后灌装，由于产品经过搅拌，成为粥糊状，呈现比较稀薄的半流动状态，因此又称为软酸奶或液体酸奶。

“老酸奶”的传统凝固型生产方法不易采用机械化、自动化生产。为了满足消费者的需要，实现大规模的食品工业化生产，就必须将老酸奶生产改为搅拌型酸奶工艺，要让搅拌型的酸奶具有凝固型酸奶的品质，就要使用食品增稠剂如明胶、琼脂、卡拉胶、果胶等，不仅促进产品的凝固，而且使老酸奶的质构更加稳定，延长了货架期。因此消费者可以放心食用。

# 68 绿色食品和有机食品不使用食品添加剂吗?

绿色食品是在生态环境符合国家规定标准的产地，生产过程中不使用任何有害化学合成物质，或在生产过程中限定使用允许的化学合成物质，按特定的生产操作规定生产、加工，产品质量及包装经检验符合特定标准的产品。绿色食品分A级和AA级两类。A级为初级标准，在生产过程中允许限时、限量、限品种使用安全性较高的化肥、农药。AA级是高级绿色食品，是利用传统农业技术和现代生物技术相结合而生产出的农产品，生产中以及之后的加工过程中不使用农药、化肥以及生长激素等。

有机食品是指根据有机农业和一定的生产加工标准而生产加工出来的产品。

根据《绿色食品　食品添加剂使用准则》，在绿色食品生产、加工过程中，A级、AA级的产品视产品本身或生产中的需要，均可使用食品添加剂。按照农业部发布的行业标准，AA级绿色食品等同于有机食品，有机食品添加剂使用要求等同AA级绿色食品。

在AA级绿色食品中只允许使用天然食品添加剂（GB 2760—2011中的天然食品添加剂，如天然色素胡萝卜素，天然胶体黄原胶，天然抗氧化剂茶多酚等），不允许使用人工化学合成的食品添加剂；在A级绿色食品中可以使用人工化学合成的食品添加剂，但以下产品不得使用：亚铁氰化钾、4-己基间苯二酚、硫黄、硫酸铝钾（铵）、赤藓红及其铝色锭、新红及其铝色锭、二氧化钛、焦糖色（亚硫酸铵法，加氨生产）、硫酸钠（钾）、亚硝酸钠（钾）、司盘系列、吐温系列、苯甲酸（钠）等。■

# 69 生产果汁要用食品添加剂吗？常用哪些食品添加剂？

生产果汁要用多种食品添加剂。

在生产果汁时，要用到加工助剂，如加入果胶酶可增加果汁的出汁率。

为了延长货架期和感官特性，在生产工艺无法确保杀灭微生物时，果汁中也要用到食品添加剂。引起果汁饮料腐败变质的微生物主要是真菌类。为防止真菌引起的腐败变质，果汁饮料有巴氏加热杀菌的工序。若同时使用食品添加剂防腐剂，则可降低杀菌温度且可保持抑菌效果。

不同果汁饮料都有一定的颜色特征，果汁色泽直接影响着消费者对果汁饮料的可接受性及对其品质的评价。在果汁饮料的加工和贮存过程中，天然色素会发生转化分解而影响果汁的色泽，因此加入食品添加剂着色剂。

为了保证果汁饮料特有的甜度、酸度、口感以及营养成分，还会加入甜味剂、酸度调节剂、稳定剂和抗氧化剂等。有时为了增加果汁饮料的健康促进功能，还会添加营养强化剂。

果蔬饮料中常用的食品添加剂有防腐剂（如苯甲酸、苯甲酸钠、山梨酸、山梨酸钾）、酸度调节剂（如磷酸、柠檬酸、富马酸等）、甜味剂（如甜蜜素、糖精钠等）、抗氧化剂（如维生素C、维生素E、乙二胺四乙酸二钠等）、营养强化剂（维生素C、维生素E、维生素$B_{12}$、维生素D等）等。■

# 70 酒类中用到什么食品添加剂？各起什么作用？

按国家标准（GB/T 17204—2008），凡酒精含量大于0.5% vol的饮料和饮品均称为酒或酒精饮料（习惯称为饮料酒，酒精度低于0.5% vol的无醇啤酒也属于饮料酒），我国饮料酒包括发酵酒、蒸馏酒和配制酒三大类。

GB 2760—2011规定酒中能用的食品添加剂主要有防腐剂、色素、抗氧化剂、甜味剂、稳定剂等。加工时还使用了助滤剂、酶制剂等。

从工艺的角度，所有的酒类产品可能含有香精或精油。但从实际生产的角度，一般蒸馏酒由于酒度较高，品质相对稳定，除应用香精外，其余的食品添加剂应用不多。

焦糖是一种传统的色素，我国规定在白兰地、配制酒、调香葡萄酒、黄酒、啤酒按生产需要适量使用，威士忌、朗姆酒则规定了使用量。

我国目前在发酵酒中应用的主要防腐剂有纳他霉素、山梨酸及山梨酸钾。葡萄酒中抗氧化剂有亚硫酸及其盐、D-抗坏血酸。在啤酒和麦芽饮料生产中可用海藻酸丙二醇酯、甲壳素作为增稠剂与稳定剂。发酵酒还允许使用三氯蔗糖作为甜味剂。葡萄酒可用L（+）-酒石酸酸度调节剂。

配制酒中使用的防腐剂有苯甲酸钠、山梨酸；甜味剂有甜蜜素、三氯蔗糖、糖精钠，以及异麦芽酮糖（按需适量应用）。

另外，酒类安全的问题一般有使用工业酒精取代食用酒精，以及超范围或超限量滥用甜味剂（糖精钠、甜蜜素）、防腐剂（苯甲酸、山梨酸）、着色剂等食品添加剂的违法行为。■

甜蜜素能在白酒中使用吗?

更多关注

# 71 罐头食品中是否有食品添加剂？

在罐头食品生产中，为保持罐头的色鲜味美和延长保存时间，可以按照国家标准合理使用食品添加剂。罐头食品中常使用的食品添加剂有着色剂、甜味剂、防腐剂、抗氧化剂、水分保持剂、酸度调节剂、稳定剂等，具体添加限量GB 2760—2011有严格规定。

如水果罐头，由于水果在热加工过程中会发生软烂现象，常需要加入稳定剂使水果罐头保持一定的硬度和脆度。而有些水果在加工过程中易发生褪色现象，为了使产品恢复原有色泽或者使色泽更鲜艳，需要加入着色剂。另外在加工水产品类、肉类以及坚果类罐头时，需要加入抗氧化剂，以防止产品中油脂的氧化。同时，在肉制品罐头加工过程中，为了保持肉的持水性，防止肉失去应有的柔嫩口感，常需在罐头中加入水分保持剂。

通常情况下，罐头产品都会采用热杀菌方式进行杀菌，使产品中的绝大部分微生物被杀灭，达到商业无菌的目的，从而使产品在室温

下可以长期保存，所以大部分罐头食品是不需要添加防腐剂的。但在罐头制造过程中采用的这种杀菌方式往往对产品的质地、口感及风味产生不良影响，因此，在加工食用菌、腌制蔬菜等罐头产品时，常采用温和的热处理方式进行杀菌，而这种方式往往达不到商业无菌的效果，因此，为了使产品能够达到一定的贮藏期，还需要加入防腐剂以延长食品的保质期。■

# 72 可乐中添加了哪些食品添加剂？

从各种可乐标签的配料表上我们除了看到含有蔗糖、果葡糖浆外，还可以看到它含有阿斯巴甜、蔗糖素、甜蜜素、磷酸、柠檬酸、酒石酸、柠檬酸钠、磷酸氢二钠、焦糖色、苯甲酸钠、香精、二氧化碳和咖啡因等，这些都属于食品添加剂。

现代型的可乐（如健怡可口可乐、轻怡百事可乐、零度可口可乐）用阿斯巴甜、蔗糖素、甜蜜素这类甜味剂代替传统型可乐使用的蔗糖和果葡糖浆，不仅降低每日摄入的能量，减少肥胖症等疾病的发生，而且因为它不能被口腔微生物利用，也避免引起龋齿。磷酸是可乐的特征酸，即使用磷酸才能体现出可乐的风味，是传统型可乐使用的唯一酸味剂。使用柠檬酸、酒石酸、柠檬酸钠是要调配出柔和、水果酸感的现代舒怡口感（如柠檬味健怡可口可乐、青柠百事可乐）。磷酸氢二钠的功能很多，在饮料中可作为酸度调节剂，调和过强的酸感刺激，丰富口感。焦糖色属于天然色素，也是可乐的特征色素。传统型可乐中的香精通常是用可乐果提取物或采用香料调配的可乐型香精，现代型可乐有了新风味，如香草味可口可乐，使用了花香香精，以迎

合现代青年的嗜好。苯甲酸钠是防腐剂，在酸性条件下防腐作用突出。二氧化碳属于防腐剂，但是在碳酸饮料（即含二氧化碳饮料）中二氧化碳还有产生杀口感、刺激呼吸和从体内带出热量的重要作用。咖啡因具有兴奋作用，是可乐中使用原料古柯叶的提取物，GB 2760—2011中规定咖啡因只能在可乐型碳酸饮料中添加，且最大使用量不能超过0.15g/kg。在这些食品添加剂中除柠檬酸钠和焦糖色是按生产需要适量使用之外，其他食品添加剂的添加量不能超过标准规定的最大使用量。■

# 73 饼干中添加了哪些食品添加剂？

饼干中常用的食品添加剂有：

（1）靛蓝、红曲米、红曲红、花生衣红、焦糖色、可可壳色、辣椒橙、辣椒红、栀子黄等，作为着色剂，用于饼干或饼干夹心；

（2）甘草、甘草酸铵、环己基氨基磺酸钠（又名甜蜜素）、异麦芽酮糖、麦芽糖醇、山梨糖醇等，用作甜味剂；

（3）丁基羟基茴香醚（BHA）、二丁基羟基甲苯（BHT）、甘草抗氧化物、没食子酸丙酯（PG）、叔丁基对苯二酚等，作为抗氧化剂，用于防止饼干中的油脂氧化酸败，延长保质期；

（4）山梨醇酐单月桂酸酯、山梨醇酐单棕榈酸酯、硬脂酰乳酸钠、硬脂酰乳酸钙、磷脂、蔗糖脂肪酸酯等，作为乳化剂，加入面团中使油脂以乳化状态均匀分散，防止油脂渗出，提高饼干的脆性；

（5）磷酸氢钙、焦磷酸二氢二钠等，作为膨松剂、水分保持剂，使饼干酥松，口感好；

（6）焦亚硫酸钠，作为品质改良剂，调节面粉筋度，减弱韧性；

（7）羧甲基纤维素钠、黄蜀葵胶等，作为增稠剂，使产品成型性好，饼干光洁，不易破碎，酥化可口。■

# 74 面粉中为什么也要加入食品添加剂？

在商店买回来的食品绝大部分都有食品添加剂。人类社会的文明进步，已经离不开食品添加剂了。面粉里面可以不加增白剂，但是面粉里除了不加增白剂，别的食品添加剂就不加吗？还是得加。记得小时候，家里的西厢房就是一个磨房，经常在那儿磨面，几乎是磨一天的可以吃三天。有毛驴，套上毛驴，没毛驴人们就亲自动手，那时面粉里边什么都不用加，因为磨了就吃。现在不一样了，面粉磨完后，从面粉厂运输到超市，我们再买一袋子面吃上一段时间，小麦不磨三年、五年没问题，一磨成面粉以后就不好放了，要么结块要么发霉，你不解决这个问题能行吗？不解决这个问题，大家就要吃变质的面粉，所以还是要加食品添加剂。

面粉中使用的食品添加剂主要是品质改良剂，如偶氮甲酰胺可以加速面粉的氧化，改善面粉的加工品质；L-半胱氨酸盐酸盐、抗坏血酸（又名维生素C）具有抗氧化和防止非酶褐变的作用；碳酸镁作为膨松剂和抗结剂，可以防止面粉结块。在专用小麦粉如自发粉、饺子粉等中，还会添加硬脂酰乳酸钠、硬脂酰乳酸钙、蔗糖脂肪酸酯等乳化剂，可增强面筋，延缓直链淀粉老化，且有较好的保湿性，使制品口感柔软、有弹性、货架期延长；添加淀粉磷酸酯钠、葫芦巴胶、决明胶、沙蒿胶、皂荚糖胶等增稠剂，可使制品口感细腻、咀嚼性好。

此外，在面粉中还会添加营养强化剂，以补充面粉的营养不足，提高营养水平或满足特殊人群的营养需要。■

# 75 食用油中为什么也要加入食品添加剂？

食用油很容易发生氧化酸败，需要使用食品添加剂阻滞氧化。

食用油除了提供人体热能和必需脂肪酸外，还能增加脂溶性维生素的消化吸收，提高食物的适口性和饱腹感。食用油脂所提供的能量约占膳食总能量的20% ~ 35%，其中脂肪的数量和种类都会对健康产生影响。大量流行病学调查表明，冠心病与膳食中的饱和脂肪和胆固醇摄入量呈正相关。而食用油中含有多不饱和脂肪酸对人体健康是有利的，许多多不饱和脂肪酸是人体必需脂肪酸，人体自身不能合成，必须通过食物摄入。

但是，不容忽视的是，多不饱和脂肪酸非常不稳定，很容易发生氧化，不仅造成油脂的品质劣变，使油脂发生哈喇而不宜食用，还会

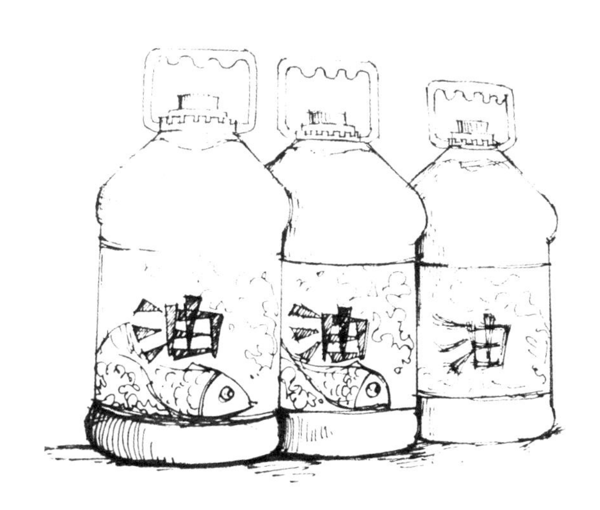

产生有害健康的成分，而且大量摄入多不饱和脂肪酸也会加速血浆脂蛋白的氧化变性，诱发动脉粥样硬化。

食用油发生氧化的条件是氧气、光照、金属离子，高温也会加快氧化过程。

为了延缓食用油脂的氧化过程，在油脂加工的后期都要适量添加油溶性的抗氧化剂，如丁基羟基茴香醚（BHA）、二丁基羟基甲苯（BHT）等食品添加剂，并且还需要添加柠檬酸及其盐类螯合油脂中的金属元素，进一步降低氧化的速度，因此食品添加剂柠檬酸及其盐，又被称为油脂抗氧化剂的增效剂。

为减少食用油氧化，最好将食用油放置在阴凉干燥避光处。■

# 76 在家里、餐馆里烹调菜肴也使用食品添加剂吗？

“柴米油盐酱醋茶”是中国老百姓居家过日子的开门七件事。很久以来，食品添加剂一直和我们的日常生活形影相随。

家庭烹调时，离不开食品添加剂。不仅是添加在各种菜肴中的味精、鸡精等调味料以及含有膨松剂的油炸粉，就是增进食欲的酱油、食醋，也都含有鲜味剂和酸味剂。炒菜的油中含有抗氧化剂，色拉酱中含有增稠剂、乳化剂等，日常烹饪中食品添加剂的使用，实在是不胜枚举。

餐馆烹调菜肴时，食品添加剂的使用更是须臾不离。为了使菜肴的色香味更加浓郁，增强食品的感官特征，厨师们在制作菜肴时，像魔术师一样大显身手，在菜肴中添加品种繁多的鲜味剂、调质剂、色素和香精，满足了顾客食不厌精、脍不厌细的需要。

餐饮点心也需要添加防腐剂、抗氧化剂，延长食品的保质期。

不仅餐饮业中食品添加剂的使用比家庭烹饪更加普遍，而且由于厨师的个人操作不同，同时普遍缺乏称量习惯，因此餐饮烹调中食品添加剂的使用量往往难以精准控制。■

# 77 传统的馒头、豆腐、面条中有食品添加剂吗？

作为中国传统食品的馒头、豆腐和面条，必不可少地含有食品添加剂。

始于三国时代的馒头是中国最典型的发酵面团蒸食，也是中华面食文化的象征，可以和西方的面包相媲美。即使是最简单的馒头，在发酵过程中，也需要添加能够使面团起发和增大的膨松剂，发面酸了要使用食用碱小苏打调整酸度。而传统面条的制作过程中，必须要添加食用碱小苏打，也是食品添加剂中最常用的酸度调节剂和膨松剂之一，通过调整面团的酸度，使面条更劲道。

大家都听说过“卤水点豆腐，一物降一物”的民谚吧。明代医学家李时珍在《本草纲目·谷部》中就记载了“豆腐之法，始于汉淮南王刘安”，并详细介绍了豆腐的制作方法。汉淮南王刘安和当时八位著

名的方士寻求长生不老之药，他们在炼丹中以黄豆汁培育丹苗，偶然发现加入石膏会形成白嫩的豆腐，这就是史称“八公山豆腐”的雏形。主要成分为硫酸钙的石膏和氯化镁、硫酸镁、氯化钠的盐卤，实际上就是大豆蛋白的凝固剂，属于食品添加剂。

有些不法商人，在加工面条时违法使用非法添加物——硼砂，这是我国政府严厉打击禁止的非法添加物之一。硼砂不是食品添加剂。硼砂对人体健康有很大危害，急性中毒症状为呕吐、腹泻、红斑、昏迷、休克等所谓硼酸症；人体若摄入过多的硼酸，在体内蓄积，会引发多脏器的蓄积性中毒。

我国民间传统上使用硫黄熏蒸馒头，达到漂白馒头的目的。硫黄是食品添加剂，功能是漂白和防腐，但是不能用于馒头的漂白和防腐。所以，传统的不一定就是安全的。■

# 78 是不是不吃工业化生产的食物，就不会吃到食品添加剂了？

人类自从成为地球的主宰以来，很长一段时期处于刀耕火种的状态。工业化使农业生产和食品生产出现了新的景象，自给自足的状态结束，社会分工明确。打破了食品生产的原有模式，食物成为商品，开始大范围跨区域交易，食材到餐桌之间的旅程变长。妇女走出家庭参加工作，在家中自制食物的时间减少，食物的消费模式也发生了变化。食品生产的环节越来越复杂，食品从原料经过保藏、加工、运输、批发零售、最终到消费餐桌的过程拉长，机械化大量应用。田园式的食物生产模式被割裂。于是为了让一块蛋糕、一杯牛奶在经历漫长的历程后仍旧色泽诱人、香气扑鼻，就不得不使用食品添加剂。科学家和工程师们绞尽脑汁，通过各种方法满足人们的口腹之欲。

另一方面，由于工业革命后，化学工业飞速发展，食品添加剂从天然材料逐渐转变为人工合成。1856年，英国人珀金斯从煤焦油中制取的染料色素苯胺紫，是最早使用的化学合成食品添加剂。使得大量廉价使用食品添加剂成为可能。

再者，消费者对食物的外观品质、口感品质、方便性、保存时间等提出了越来越高的要求。按照家庭方式来生产，几乎不可能。如果不使用食品添加剂，只怕大部分食品都会难看、难吃、难以保存，而且价格高昂。在这个意义上，大规模的现代食品工业，就是建立在食品添加剂的基础上的。

综上所述，工业化与食品添加剂的应用有密切的关系，但反过来，如果在当下，不吃工业化生产的食品，就一定能保证不吃到食品添加剂则是难上加难。举一个具体的例子，如果一个人所有的食品都靠厨房自制完成，那么一旦使用酱油就有可能吃了防腐剂、增味剂、酸度调节剂、色素等。■

# 79 为何抽检的食品中常有食品添加剂超标的问题？

“食品添加剂超标”成了当下的热点，国家质量监督检验检疫总局官网上的公告，电视台播放的是当地食品安全主管部分的定期检查和不定期抽查的结果。笔者以“食品添加剂超标”在google上进行搜索，得到的是结果不一，有蜜饯、炒货、膨化食品、酱腌菜、酱卤类制品、灌肠类制品、休闲肉干制品、五彩糖等超标。仔细分析其原因可能有如下几种情况：一是确实所加的食品添加剂高于我国规定的使用量，如2012年1月19日南方日报报道的发现有10批次产品内在质量不合格，部分问题产品存在苯甲酸、山梨酸、甜蜜素、糖精钠等添加剂超标现象；二是超范围使用，如2011年的上海“染色馒头”事件，柠檬黄没有规定可以在馒头中使用，这一类属于违法添加，但不至于成为“毒食品”；三是对于药食两用的部分果蔬或植物食品，在中药处理中还没有对添加剂的规定，特别是硫黄处理的残留限量，而作为食品则已有严格的限量规定，实际处理将会出现偏差；四是不同国家和地区的标准不同，典型的如台湾发现可口可乐中存在对羟基苯甲酸甲酯的事件，属于违规，但对中国大陆、美国、欧盟则是合格的产品。

综上所述，食品添加剂的超标原因多种，有些是严重的问题，有些与规定有关，有些则与安全性关系不大，需要作出具体的分析。■

# 80 为什么食品添加剂的使用有不断增长的趋势？

随着食品工业的飞速发展，食品添加剂的使用一直都保持着持续、稳定的增长，其主要原因有：

（1）食品工业的快速发展以及餐饮业的持续增长，对食品添加剂的需求量不断扩大，带动整个食品添加剂使用量的增加；

（2）食品各行业在新品研发、产品质量提升等方面的技术创新不断加速，对新产品、新技术的需求促进整个食品添加剂行业的技术进步；

（3）大中型骨干企业进一步加强了食品添加剂应用开发的研究和技术服务，促进了食品添加剂的销售和使用；

（4）政府对食品安全的重视，加强对食品添加剂行业的监管，使得食品添加剂的生产、销售和市场秩序更加规范；

（5）多年的市场竞争下，促进食品添加剂行业内生产要素的组合更加合理，优良生产能力比例扩大，促进了行业的良性发展；

（6）随着人们消费水平的提高，对食品的种类和食品的质量要求也越来越高，促进了食品添加剂的使用不断增长。■

吃涮锅一身味，与食品添加剂有关吗?

更多关注

## 81 为什么鸡精比味精鲜美？鸡精是一种天然调味品？还是食品添加剂？

尽管鸡精和味精只有一字之差，但却属于两类完全不同的产品。

味精的学名叫谷氨酸钠，是我们日常常用的鲜味剂，但是因为曾对其安全性出现质疑（到目前为止所有研究都证明其是安全的），所以一直对其实施监管，将其列入食品添加剂的范畴。

鸡精是复合调味料，属于食品的范畴，不是食品添加剂。

味精的成分单一，作用也单一，就是增鲜，是增味剂。

鸡精的成分主要有鸡肉香精、5′-肌苷酸二钠、5′-鸟苷酸二钠和味精、鸡肉水解物等。鸡肉香精是以鸡肉、鸡骨为主要原料通过生物酶解和炖煮制造的，具有炖煮鸡汤的特征香气。而5′-肌苷酸二钠、5′-鸟苷酸二钠也是增味剂。因此，鸡精不仅具有强力的增鲜作用，还有烹调鸡的香气，可以赋予各种食品、菜肴烹调鸡的特征风味。

可见，鸡精的风味比味精更鲜美、更丰富。鸡精的主要成分被认为是天然的，但它是由不同原料制造的人造产品，所以严格讲，鸡精并不是一种真正意义上的天然调味品。■

# 82 为什么人们更容易选择到使用了较多食品添加剂的食品？

气味和色泽对动物的生存有重要作用。动物依靠气味、色泽寻找、鉴别食物，鉴别同类与敌人，引诱异性、寻找配偶、发出警报或集合群体，气味、色泽是一种特殊的“语言”。

人类也以气味、色泽寻找和辨别食物。食品的气味、色泽能够代表食品的新鲜程度、性质和状态等指标，反映了食品的质量和品质。气味、色泽是辨别食物可食与否、好吃与否的重要指标。

因此，从商家的角度，更愿意使食品有更香的气味和鲜艳的色泽，以满足人类感官需要和原始的冲动，让食品具有更强的吸引力，更容易被消费者选择，在激烈的竞争中处于更有利的地位。

而且，使用了防腐剂、抗氧化剂的食品，气味和色泽不易发生恶化，品质更稳定，良好的质量保持时间长。

所以，消费者更容易选择到使用了较多食品添加剂的食品。

不用担心，过于强烈的气味和鲜艳的色泽反而会引起人们对食品品质的质疑。也就是过多使用香精和色素反而起相反的作用。只要使用的食品添加剂是国家允许使用的，一般不会因食品中食用香精、香料、色素造成安全危害。

消费者也应注意，尽量不要购买香气太强烈或色彩过于艳丽的食品。■

# 83 是不是所有的食品都要使用防腐剂？

食品特别是生鲜食品如果不经适当的加工处理就保藏，很容易发生败坏变质。如常见的有腐烂、变味、变色等。

所有的食品加工保藏措施都是针对抑制微生物和阻止不良化学反应两方面进行的。在加强原料和加工的清洁卫生基础上主要的保藏措施有应用低温和冷冻、脱水与干燥、高糖和高盐溶液、真空与密封、杀菌、应用防腐剂、应用酸类降低pH值、发酵产生酒和醋、乳酸等。表现在产品形式上则有罐头食品、冷冻食品、脱水食品、半干食品、腌制品、糖制品(蜜饯凉果等)、发酵制品、酒类等多种多样。但除了

罐头食品是杀菌后由密封阻止了微生物的生长，冷冻食品因为低温不长菌，极干的食品由于水分低而不能长菌外，其他大部分的加工方式都不是完全能防止微生物生长，故在适当时候需加入防腐剂来作为辅助的保藏措施。

即使是罐头食品有时亦需加入防腐剂来降低杀菌条件。举一个常见的例子，小时候吃的高盐的榨菜不需加防腐剂，但口味太咸；如小包装的榨菜，如果想口味好，即在低盐下长期保藏，则需用塑料袋、金属及玻璃罐头包装后经高温杀菌（如100℃下15 ~ 30min）。但如果杀菌过度，则榨菜会变得很软，更达不到人们吃榨菜时对脆性的要求。因此，最好的办法是加入一部分酸来降低其pH值，同时加入防腐剂来降低对杀菌的要求，这样在真空与密封后可以较低的温度较短的时间内（如80 ~ 90℃下15 ~ 30min）完成杀菌处理，最后得到口感好、质地相对脆、风味又好的榨菜。另一方法，或许在生活水平提高的前提下，今后可以将低盐的调好口味的榨菜在无菌的条件下进行包装处理，在低温下进行流通、销售，在家中亦在冰箱内保存。这就是栅栏理论或栅栏原理，不同的栅栏因子的效果在一个食品中进行累加，即可起到最大的作用。■

# 84 会不会发生使用过期、失效的食品添加剂问题?

GB 7718—2011规定了食品添加剂中的味精可以免除标示保质期。但是，对于大部分食品添加剂而言，也会发生过期和失效的问题。

食品添加剂的化学成分不同，稳定性也各有差异。当贮藏时间过长和贮存条件不当时，一些性质不太稳定的食品添加剂会发生化学反应，生成新的化合物，若继续使用这类食品添加剂就会失去其应有的功能和作用，就不能达到改善食品品质、增强食品色香味、保质和保鲜的效果。

在自然放置的贮存条件下，由于温度的改变、环境水分湿度的变化、氧气的氧化作用、太阳光的照射等诸多因素的影响，食品抗结剂开始吸收环境的水分，抗氧化剂能够被空气中的氧气缓慢氧化，还原性漂白剂可以被氧化分解而失效，各种维生素型营养强化剂会发生氧化还原反应，如维生素A、维生素B、维生素D、维生素E、叶酸等，都会因此而失去原有的生物活性等。

所以，食品添加剂也存在保质期，食品添加剂的生产商和食品加工商都应该在规定的条件下贮藏、运输食品添加剂，并且严格管理食品添加剂的贮存期限。食品添加剂的生产商要绝对不销售超过保质期的食品添加剂，食品加工商要绝对不使用超过保质期的食品添加剂。■

# 85 食盐、白糖、淀粉、小苏打也是食品添加剂吗？

食盐、白糖、淀粉都不是食品添加剂，但是小苏打属于食品添加剂。

大多数食品原料由三部分组成，即食品的主料、辅料（配料）和食品添加剂。食品添加剂与食品原料、辅料是有区别的。食品原料、辅料是传统的食品基料，不是特意添加到食品中而有目的地改善食品品质。普通食品中使用的食盐、白糖和淀粉，都是重要的食品辅料，在日常使用时相对用量较大，长期正常食用没有发现任何对人体健康的危害，所以不需要对它们的使用作出限制，它们不属于食品添加剂。

食品添加剂是为改善食品品质和色、香、味，以及为防腐、保鲜和加工工艺的需要，而加入食品中的人工合成或者天然物质，通常使用量很小，过量使用会对人体产生不适刺激，甚至危害健康，所以要限制它们的使用。小苏打作为食品加工中常用的食品添加剂，在糕点、饼干、面包、馒头等以小麦粉为主的蒸煮和烘焙食品中使用，不仅可以产生气体，增加面制品的体积膨胀率，使产品的结构更加疏松，还有利于食品的水化吸收，调节酸度，提高食品的感官质量。小苏打属于食品添加剂中的膨松剂和酸度调节剂。■

# 86 调味品是食品添加剂吗？

调味品是指能增加食品菜肴的色、香、味，促进食欲，有益于人体健康的辅助食品。它的主要功能是增进菜品质量，满足消费者的感官需要，从而刺激食欲。从广义上讲，调味品包括调配食品、菜肴的咸味、酸味、甜味、鲜味、辣味、苦味、香气等味道，以及脆度和黏稠度等口感的原料，像食盐、酱油、醋、味精、糖、八角、茴香、花椒、芥末等都属此类。从本质上讲调味品本身也是一种食品，除了能调节味道外，有的也具有十分重要的营养价值，比如盐、糖就是人体必不可少的营养物。

食品添加剂是指为改善食品品质和色、香、味以及为防腐和加工工艺的需要而加入食品中的化学合成或天然物质。食品添加剂一般可以不是食物，也不一定有营养价值，但必须符合上述定义的概念，即不影响食品的营养价值，且具有防止食品腐败变质、增强食品感官性状或提高食品质量的作用。因此，从定义上划分，原则上调味品不是食品添加剂。但有些调味品如味精（谷氨酸钠）则是一种增味剂，亦是我们通常认为的调味料。另外，有些香草类或香辛料，在农贸市场散卖，是初级农产品；晒干，包装好，就是食品，属于调味品中的天然香辛料；若打成粉，就是固体调味料；若提取深加工，就可能是食品添加剂，例如辣椒红是色素，辣椒精、姜油就是食用香料。■

# 87 花椒、大料、桂皮、孜然也是食品添加剂吗？

花椒、大料、桂皮、孜然（枯茗籽）不是食品添加剂，它们是我们日常烹调常用的香辛料，人类使用这些香辛料的历史有几千年了。中华传统饮食使用的香辛料还有丁香、小茴香、生姜、芫荽（香菜）、莳萝、香叶、白芷、草果、迷迭香、砂仁、肉豆蔻、胡椒、辣椒、姜黄、众香果等品种。世界不同地区烹调使用的特色香辛料是不同的，这就是不同地区饮食风味特色的基础之一。

香辛料含有多种芳香成分以及色素等，香辛料中的特征成分提取物是食品添加剂。食品工业以香辛料为原料，通过水蒸气蒸馏获得的精油（如八角茴香油、肉桂皮油、枯茗籽油）；用溶剂提取，得到的含有芳香成分、色素的酊剂（如中国肉桂皮酊），或回收有机溶剂后获得的油树脂（如肉桂皮油树脂、大蒜油树脂、姜黄油树脂）；以及浸膏（香荚兰豆浸膏、九里香浸膏）、净油（玫瑰净油、大花茉莉净油）等，属于食品添加剂中的香料。GB 2760—2011表B.2 是允许使用的食品用天然香料名单。食品香料一般不直接在食品中使用，而是调制成食品香精后再添加到食品中。从辣椒、姜黄中提取的辣椒红色素、姜黄色素等是食用色素。■

# 88 食品添加剂都是在食品加工制造过程中添加的吗？怎样添加？

食品中的食品添加剂不都是在食品加工制造过程中添加的，根据食品加工工艺要求和食品添加剂的功能性质，有的食品添加剂是在食品加工制造过程中添加的，有的是在食品原料中添加的，有的是在产品中添加的。

如食品工业用加工助剂是在食品生产加工过程中使用的。消泡剂是在食品加工过程中使用以降低加工过程中产生的表面张力，消除泡沫。膨松剂是添加于生产焙烤食品的主要原料小麦粉中，并在加工过程中受热分解，产生气体，使面胚起发，形成致密多孔组织，从而使制品膨松、柔软或酥脆。抗结剂可以添加在产品中，用来防止颗粒或粉状食品聚集结块，保持其松散或自由流动特性。

食品中添加食品添加剂的方法有多种，可根据食品添加剂的特点和食品加工工艺要求选择合适的添加方法。如在面条、米线、米粉生产时，添加乳化剂可增加面团弹性，降低米浆黏性。在面条、米线生产过程中乳化剂添加使用的方法有多种，有的将微细粉末状乳化剂直接与面粉、米粉混合；有的将乳化剂和水、油脂等原料共同制成乳状液，用来拌和米粉、面粉；有的则是将固态状的乳化剂溶于热水中，冷却后用来拌和米粉、面粉。再如将大豆分离蛋白加入肉制品中，可采用注入法、干法混合、乳化法等添加方法。■

# 89 食品添加剂可以在任何食品中添加吗?

食品添加剂不可以想在什么食品中添加就在什么食品中添加。

GB 2760—2011规定了食品添加剂的使用原则（参见第37条）。

GB 2760—2011中的重要内容之一，就是明确规定了每种食品添加剂的使用范围。在任何食品中随意添加食品添加剂，属于超范围滥用食品添加剂的违法行为，是严格禁止的行为。

食品添加剂的使用规定中，不仅详细列出了各种添加剂所能添加的每种食品的名称和种类，还特别指出了不能添加食品添加剂的某些食品的名称和种类。比如，着重指出了27个不得添加食用香料、香精的食品的种类名单，它们依次是：巴式杀菌乳、灭菌乳、发酵乳、稀奶油、植物油脂、动物油脂、无水黄油、无水乳脂、新鲜水果、新鲜蔬菜、冷冻蔬菜、新鲜食用菌和藻类、冷冻食用菌和藻类、原粮、大米、小麦粉、杂粮粉、食用淀粉、生鲜肉、鲜水产、鲜蛋、食糖、蜂蜜、盐及代盐制品、婴幼儿配方食品、饮用天然矿泉水、饮用纯净水和其他饮用水。

豆制品染色事件。

更多关注

哪些食品添加剂可以用于病人的食品，GB 2760—2011也有明确规定。

绿色食品和有机食品中使用食品添加剂也有特殊规定（参见第68条）。■

## 90 现代食品中食品添加剂添加量太大了吧？

不能说食品中食品添加剂添加量太大了。食品添加剂已经成为人类生活中必不可少的物质。人类使用食品添加剂已有几千年的历史。为了吃到豆腐，人类学会使用盐卤（人们知道它有毒），即凝固剂；为了让肉保存得更长，以备不时之需，人类学会使用硝酸盐，即护色剂、防腐剂；为了使酱油、醋有更深的颜色，人类学会使用了焦糖色，即食用色素；为了吃到可口的面包或馒头，人类学会使用了碱面（碳酸氢钠、碳酸氢钾），即酸度调节剂。

可见，随着人类不断开发出新食品，需要不断使用新的食品添加剂。随着生活水平的提高和在新环境下生活的需要，以及新的营养、功能需要，要求食品保存的时间更长（需要抗氧化、防腐）、更新鲜、有新的风味和口感，今天每天出现的新食品远远超过过去几十年、上百年间发明的新食品，自然就会使用更多种类的食品添加剂。仅仅使用原有的原料已经不能制造出可以满足人们日益增长的需要，人类越来越依赖食品添加剂，使用越来越多的食品添加剂，这已经成为世界的趋势。

但是，世界各国包括联合国都对食品添加剂有越来越严格的管理制度，安全评价方法。所有批准使用的食品添加剂都经过了安全评价，只要符合食品添加剂的使用原则，只要在规定的使用范围内、不超过最大用量、残留量不超标的使用就是安全的，就不能说食品添加剂使用量太大了。■

## 91 为什么商家都愿意多使用食品添加剂？

中国自古就有“好酒不怕巷子深”的说法，这是因为酒好就有更强、更香的酒香。即使酒肆在巷子深处，也可以把人从大街上吸引来。

因此，从商家的角度，在激烈的竞争中，鲜艳和更香的食品具有更强的吸引力，更容易被消费者选择。风味更好的食品会给消费者留下深刻的印象，成为购买和寻找的首选。

另外，消费者和商家都希望食品有更长的保质期或保鲜期，这样食品可以贮藏的时间更长，也可以把食品运到更远的地方，或适应更

恶劣环境条件下的需要。所以，商家会尽可能多地使用食品添加剂。

世界各国包括联合国都对食品添加剂有越来越严格的管理制度，安全评价方法和使用标准。所有批准使用的食品添加剂都经过了安全评价。

商家应该根据相关标准和规定选择需要的食品添加剂。

商家应该严格遵守食品添加剂使用原则，在达到预期目的前提下尽可能降低其在食品中的使用量。

商家应该严格在规定的范围内使用食品添加剂，还要做到不超过最大用量，残留量不超标，确保食品添加剂的使用安全，保证不会对消费者造成不利影响。■

# 92 食品添加剂能用其他的产品代替吗？

一种化学品要成为食品添加剂，必须具备如下3个条件：①因食品生产工艺技术需求而使用，即无法通过技术方面更实用的其他解决方案代替；②在拟用的剂量下，对消费者无健康危害；③不会误导消费者。在CAC的《食品添加剂通用法典标准》前言中所述，在食品中添加该物质的原因是出于生产、加工、制备、处理、包装、装箱、运输或贮藏等食品的工艺需求（包括感官），或者期望它或其副产品（直接或间接地）成为食品的一个成分，或影响食品的特性。从这个角度，食品添加剂对于现代食品工业的重要性，它是无法用其他产品来代替的。

但总体无法有其他产品代替的概念并不等于在某一类食品添加剂内不会不断更新和有新产品来代替旧产品，以防腐剂为例，20年以前，大量应用的以苯甲酸钠为主，但目前山梨酸钾逐步取代前者，乳酸链球菌素等生物性防腐剂亦得到越来越多的应用。油脂的抗氧化剂方面，越来越多的天然抗氧化剂如茶多酚、多酚类提取物在应用方面取代叔丁基对苯二酚（TBHQ）或二丁基羟基甲苯（BHT）。在肉类加工中亦有用维生素C或其盐类代替硝酸盐的实验。■

# 93 味精是食品添加剂吗？味精是否会损害健康？

味精，学名谷氨酸钠，是食品添加剂，属于增味剂，中国人称之为鲜味剂，是最常用的鲜味剂。谷氨酸钠属于氨基酸的钠盐。1908年日本人池田发现海带鲜味的本质是L-谷氨酸，数年后采用水解面筋法实现工业化生产，目前绝大多数味精采用发酵法生产。

在20世纪50年代，在美国，有人提出在中餐馆用餐后有头晕的现象。世界卫生组织对味精的安全性进行了评估，结论是味精对人体的健康没有影响。味精是所有国家都批准使用的食品添加剂。GB 2760—2011规定谷氨酸钠可在各类食品中按生产需要适量使用，味精和核苷酸类增味剂都是安全性最高的增味剂。

对于可以风味感知的成分，当摄入浓度过高，超过人的感官可接受的水平时，人体会自主警告，减少摄入，避免受到伤害。味精属于可以风味感知的食品添加剂，所以一般不会出现摄入过多的情况。

研究发现当味精长期受热或加热到120℃时因分子内脱水生成有毒无鲜味的焦性谷氨酸（即羧基吡啶酮）。但是，一般的烹调和食品加工很少达到发生味精脱水的条件，而且一般使用味精浓度不高，生成焦性谷氨酸的量很低，味精可能对人体健康造成安全危害的风险很低。当然，在适当的条件下使用味精是好习惯。■

# 94 有些食品标签上没有标注防腐剂，是不是真的没有添加食品添加剂？

超市里有许多食品在标签中标注不含防腐剂，消费者误以为这些产品不含食品添加剂。实际上，防腐剂不是食品添加剂的代名词，它只是品种繁多的食品添加剂中的一种。不添加防腐剂，并不表明食品中就不含有其他的食品添加剂。

不是所有的食品都必须添加防腐剂。水分含量高、碳水化合物和蛋白质含量高以及低酸性的食品，最容易支持微生物生长繁殖，也是最容易腐败变质的食品，因此最需要添加防腐剂。但是，pH值低于4.6的酸性食品，如酸奶酪、柑橘类果汁等；某些高糖、高盐的食品，如蜜饯、糖果等；以及饼干、脱水食品等水分含量很少的食物，都不需要添加防腐剂。而且，防止食品腐败不一定非要加防腐剂，高温、高压、辐照、低温冻藏、抽真空或充氮包装等方式都可以有效地防止食品的腐败变质，例如，经过高温高压处理的铁皮肉罐头食品就不含防腐剂。但是，这些不含防腐剂的加工食品，却可能含有其他的食品添加剂，如酸奶、柑橘汁中的增稠剂，蜜饯、糖果中的甜味剂，饼干中的膨松剂，肉罐头中的发色剂等。所以，即使是标签上标注不含防腐剂的食品，也可能含有其他食品添加剂。■

## 95 一些产品的标签中写道“本品不含任何食品添加剂”，可信吗？

一些食品标签中标明“本品不含任何食品添加剂”，虽然这种提法有其可能性，但完全没有必要。

人类社会已有300万年的悠久历史。远古时代，人们靠采集和狩猎野生动植物为食，在长期的生活实践中逐渐发展种植和养殖，才开始拥有数量和种类相对丰富的食物，在对食物进行加工的过程中，人类从会使用油、盐、酱、醋等调料对食物进行烹饪的那一刻开始，就有了最初的使用食品添加剂的经验。食品添加剂的使用，是人类社会文明发展的必然结果。

现代食品工业的发展，使食品的规模化生产、长距离运输、长时间贮存成为可能，而这些都离不开食品添加剂。特别是食品调味料的广泛使用和延长食品保质期的需求，食品添加剂已经渗透到食品加工和生产的方方面面，几乎所有的加工食品都含有食品添加剂。即使是最普通的家庭烹饪和餐饮烹调，也都离不开食品添加剂。有史以来，人类能够像今天这样享受到如此众多的美味，食品添加剂的贡献功不可没。

在食品标签中标明“本品不含任何食品添加剂”实际是在暗示消费者，食品添加剂是不安全的，这是不科学、不负责任的。■

## 96 “奶精”是用牛奶制造的吗？它对身体有没有危害？

“奶精”并不是用牛奶制作的，而是植物油脂部分氢化后，得到了口感类似于天然奶油的一类食品。食品加工中，“奶精”常常代替天然黄油和奶油，添加到咖啡伴侣、各种巧克力饮品、珍珠奶茶、固体饮料和浓汤底料中。

实际上，“奶精”的主要成分是部分氢化植物油制成的“植脂末”，并添加了酪蛋白酸钠、淀粉、甘油脂肪酸酯、增稠剂和奶油香精等。在以部分氢化植物油制成的“奶精”中，脂肪比例大约为30%，如果不做特殊处理其中反式脂肪酸含量较高，大约占总脂肪的40%以上。这一类“奶精”对人体健康的危害，主要是高含量的反式脂肪酸所导致。

根据近20年的医学研究表明，反式脂肪酸比饱和脂肪酸更容易导致慢性疾病；它降低必需脂肪酸代谢为多不饱和脂肪酸的速率，干扰胎儿中枢神经系统的发育，抑制前列腺素合成；长期食用可以增加女性不孕及患2型糖尿病的风险；反式脂肪酸的摄入与直肠癌、结肠癌的发病有关，并增加了罹患忧郁症的风险。

当然，如果经过产品改进，“奶精”中能够不含部分氢化油脂的反式脂肪酸，那么，“奶精”就不会对健康有害。■

# 97 食物中添加“蛋白精”有没有营养价值？有没有害处？

不仅没有营养价值，非法添加到食品中还有较严重危害。“蛋白精”实际上就是三聚氰胺（melamine）（化学式：$C_3H_6N_6$）。三聚氰胺是一种有机化工原料，主要用于木材加工、塑料、涂料、造纸、纺织、皮革、电气、医药等。由于以前测定饲料、食品等中蛋白质含量是通过测定氮含量来计算的，于是含氮量很高的三聚氰胺就被造假者用所谓的“蛋白精”名词来冒充蛋白质，先后在一些饲料原料中添加，甚至被添加到了食品中。三聚氰胺不是食品添加剂，是不能添加在任何食品中的，一旦发现食品中添加了三聚氰胺，那就是违法。

据动物实验，三聚氰胺进入体内后不能被代谢，而是从尿液中原样排出。但长期的动物实验表明，长期喂食三聚氰胺会给泌尿系统产生严重的危害，出现以三聚氰胺为主要成分的肾结石、膀胱结石，并诱发膀胱癌。我国出口的宠物饲料毒死宠物事件，以及三鹿奶粉事件，其罪魁祸首就是三聚氰胺。

所以目前，世界各国都对食品中三聚氰胺残留制定了严格的监管措施。但是现代研究发现，食物中的微量三聚氰胺可能是食物中含氮物质在食物热处理等加工过程中产生的，因此，还不能做到食物中绝对不含有三聚氰胺。■

# 四 安全篇

# 98 食品添加剂的安全性是怎样确定的？

凡是列入我国GB 2760—2011中的食品添加剂都必须按我国食品安全性毒理学评价程序进行安全性评价，经过全国食品添加剂标准化技术委员会审定，报请卫生部批准。

食品添加剂的安全性评价是根据有关的法规与卫生要求，以食品添加剂的理化性质、质量标准、使用效果、使用范围、使用量、摄入风险评价、膳食结构评价、毒理学评价结果等为依据而作出的综合性评价，其中最重要的是毒理学评价，是制定食品添加剂使用标准的重要依据。

毒理学安全性评价是通过动物实验和对人群的观察，阐明待评物质的毒性及潜在的危害，决定其能否进入市场或阐明安全使用的条件，以达到最大限度地减少其危害，保护人民身体健康的目的。一般分4个阶段进行试验。第一阶段，急性毒性：包括$LD_{50}$（经口），联合急性毒性；第二阶段，遗传毒性（3项致突变试验），致畸试验，30天喂养试验；第三阶段，90天喂养试验，繁殖试验，代谢试验；第四阶段，慢性试验（大鼠2年），致癌试验。

对于WHO已公布ADI，理化性质与国外产品一致的食品添加剂，只要求进行第一、第二阶段试验，必要时进行第三阶段试验。■

# 99 食品添加剂标准对食品添加剂的使用限量是怎样确定的？

食品添加剂的限量使用，基于食品的安全保障原则。食品安全指对食品按其原定用途进行制作和食用时，不会使消费者受害的一种保障。评价一种食品或成分是否安全，不仅仅单纯地看它内在固有的有毒、有害性质，更重要的是造成实际危害的严重程度和发生概率的可能性，即发生的风险。食品添加剂的安全性评价以及使用限量标准，就是建立在食品添加剂的风险评估和食品添加剂毒理学评价的基础上的。

对某一种或某一组食品添加剂来说，其制定标准的一般程序如下：

（1）根据动物毒性试验确定最大无作用剂量或无作用剂量［是机体长期摄入受试物（添加剂）而无任何中毒表现的每日最大摄入剂量，单位mg/kg体重，缩写为MNL］。

（2）将动物实验所得到的数据用于人体时，由于存在个体和种系差异，故应定出一个合理的安全系数。一般安全系数的确定，可根据动物毒性实验的剂量缩小若干倍来确定。一般安全系数定为100倍。

（3）从动物实验的结果确定试验人体每日允许摄入量。以体重为基础来表示的人体每日允许摄入量，即指每日能够从食物中摄入的量，此量根据现有已知的事实，即使终身持续摄取，也不会显示出危害性。每日允许摄入量以mg/kg体重为单位。

（4）将每日允许摄入量（ADI）乘以平均体重即可求得每人每日

允许摄入总量（$A$）。

（5）有了该物质每人每日允许摄入总量（$A$）之后，还要根据人群的膳食调查，搞清膳食中含有该物质的各种食品的每日摄食量（$C$），然后即可分别算出其中每种食品含有该物质的最高允许量（$D$）。

（6）根据该物质在食品中的最高允许量（$D$）制定出该种添加剂在每种食品中的最大使用量（或残留量）（$E$）。在某种情况下，二者可以吻合，但为了人体安全起见，原则上总是希望食品中的最大使用量（或残留量）标准低于最高允许量，具体要按照其毒性及使用等实际情况确定。■

## 100 如果每种食品都添加了食品添加剂，当一天吃多种食品时会不会造成摄入的食品添加剂过量？

一天吃多种食品，不会造成摄入的食品添加剂过量。GB 2760—2011规定了食品添加剂在各种食品中最大使用量，其目的是确保一天吃多种食品时，其添加剂的摄入量不超过每日允许摄入量（ADI）。而ADI 值是经卫生部评估提出的，也就是在确保不产生健康风险的情况下，以体重为基础表示的人体每日可能摄入的食品添加剂的量。为确保不超过ADI值，GB 2760—2011对于某种添加剂在不同食品中允许使用的最大使用量（E，g/kg）也有规定。其计算过程大致如下：根据动物试验确定最大无作用剂量（MNL），根据MNL×0.01（安全系数）定出人的ADI，将ADI×平均体重，得出每人每日允许摄入总量（$A$），根据膳食调查以了解某种食品的每日摄入量，得出该种食品中某种添加剂的最高允许量（$D$），最后根据$D$值，制定出该种添加剂在每种食品中的最大使用（添加）量（$E$）。现以苯甲酸为例说明之，假如苯甲酸的MNL=500mg/kg，则ADI= 5mg/kg；以人体重60kg计，得$A$值为300mg；然后根据膳食调查情况，制定每种食品中苯甲酸的最高允许量，以确保食用多种或某一种食品时，其苯甲酸不能超过其允许摄入总量。因此，若一天吃多种食品，不会造成摄入的食品添加剂过量。■

## 101 柠檬黄染色的馒头对人体有多大危害？

2011年3月媒体揭露上海多家超市销售的玉米面馒头系染色制成。上海质检局确定玉米面馒头中含有柠檬黄，生产商承认使用柠檬黄是为了造成以玉米面为原料生产的假象。

《中华人民共和国食品安全法》第二十八条规定禁止生产经营掺假掺杂食品。因此，该生产商违反了食品安全法。2011年9月上海市宝山区法院以生产、销售伪劣产品罪分别判处该企业负责人有期徒刑5～9年，并处罚金。

GB 2760—2011中食品添加剂的使用原则规定：食品添加剂使用时应符合5项基本要求，第3条“不应掩盖食品本身或加工过程中的质量缺陷或以掺杂、掺假、伪造为目的而使用食品添加剂；”因此，该生产商违反了食品添加剂的使用原则。

GB 2760—2011中规定了柠檬黄作为着色剂的适用范围和最大使用量。但是，在柠檬黄可以使用的范围中没有小麦粉及其制品、发酵面制品或面制品。因此，该厂商属于非法扩大范围使用柠檬黄。

根据目前多数国家管理食品添加剂的方法是由使用者或制造者提出新食品添加剂或扩大使用范围、最大使用量的申请，相关管理部门才会对其进行安全风险评估。由于没有人提出过在馒头中使用柠檬黄的申请，没有进行有关安全风险评估。因此尚不能说在馒头中使用了柠檬黄就一定会对消费者健康造成危害。柠檬黄是国际上普遍允许使用的食用色素，认为它是安全的食用色素。■

# 102　含防腐剂的食品会危害健康吗？

防腐剂大概是食品添加剂中最受诟病的。对于那些追求“纯天然”的人来说，“防腐剂”就意味着“有害”，而“化学防腐剂”更是“恶贯满盈”。但对很多食品而言，不进行“防腐”就无法长时间保存。

我国允许使用的防腐剂都是经过严格的安全评估和程序审批，与世界大部分国家同步的。说到是否危害健康，一种化学品的毒性如何，是否会危害健康，一个最常用的评判标准是其毒性和摄入量，不但食品添加剂如此，所有的有毒物质均如此。那么评判毒性用什么指标呢，国际上常用ADI作为主要毒性安全性指标，ADI即每天每千克体重允许摄入的量（mg），是根据对小动物（大鼠、小鼠等）近乎一生的长期毒性试验中所求得的最大无作用剂量（MNL），取其1/100～1/500来计算的。从已有的数据来看每天苯甲酸的ADI为0～5mg/kg体重，最大使用量为0.2～1g/kg；每天山梨酸的ADI为0～25mg/kg体重，最大使

用量为0.2 ~ 2g/kg，后者的ADI比食盐还低。毒性较大的硝酸钠和亚硝酸钠的ADI为5mg/kg和0.2mg/kg。从上面数据，我们就知道它们大致的毒性。因此，在规定的添加量范围内使用，任何一种食品添加剂都是安全的，不会造成危害健康的问题。

人们普遍关心的另一问题是认为防腐剂不一定本身有毒，而是它们增加肝脏、肾脏负担。从已有资料表明，防腐剂中的山梨酸钾代谢方式与脂肪类似，不会增加肝脏负担。硝酸盐可还原成亚硝酸盐，后者变成一氧化氮排出，当然超过规定量可以在胃中形成致癌物*N*-亚硝基化合物。■

# 103 面粉处理剂过氧化苯甲酰有什么危害?

过氧化苯甲酰是一种强氧化剂，微有苦杏仁气味，可氧化面粉中的胡萝卜素、叶黄素等色素，从而使面粉颜色变浅，白度增加，新颁布的食品添加剂使用标准GB 2760—2011已撤销了面粉处理剂过氧化苯甲酰。

过氧化苯甲酰添加到面粉中水解放出活性氧后，生成的苯甲酸残留在面粉中。苯甲酸随食品进入人体内，部分与甘氨酸化合生成马尿酸随尿液排出，部分与葡萄糖酸锌化合而解毒。在正常添加量的情况下，苯甲酸不会在肌体内积蓄，是安全的；但长期食用过多添加的食品，会增加人体苯积累中毒的风险。

过量添加过氧化苯甲酰，对面粉本身品质也有不良影响，可造成面粉营养成分的破坏，影响小麦粉特有的风味和食用品质。面粉具有自身特有的麦香味，过量添加过氧化苯甲酰，易使面粉失去原有的麦香味。另外未分解的过氧化苯甲酰在加热时形成苯自由基，与羟基结合则形成苯酚，后者具特殊的气味，并且有毒性。过量添加过氧化苯甲酰，随着贮藏时间的延长，面筋弹性变差，易使面制品出现面条断条、饺子破皮、馒头不起个等。添加增白剂会破坏面粉营养成分，面粉中胡萝卜素是维生素A原，而面粉增白过程中，过氧化苯甲酰氧化胡萝卜素，不能再转变成维生素A。过氧化苯甲酰还极易破坏面粉中的维生素E和维生素K，对于其他维生素如维生素$B_1$、维生素$B_2$等也有少量影响。■

# 104 糖精、蔗糖素等人工合成甜味剂是否对人体有害?

糖精、蔗糖素是GB 2760—2011中允许使用的人工合成甜味剂，只要按照GB 2760—2011规定的范围和限量使用，它们对人体是无害的。

糖精是邻苯甲酰磺酰亚胺的俗称，市场销售的商品糖精是其钠盐，即糖精钠。1977年，动物实验表明老鼠摄入大量的糖精后能诱发膀胱癌，因此在这一年加拿大禁用糖精，美国食品及药物管理局（FDA）也提议禁用糖精，但遭到美国国会反对，改为对含糖精的食品标明糖精可能致癌的警告。此后对糖精做了更多研究，发现正常添加剂量糖精并不会增加人类得癌症的风险。因此，1991年FDA正式撤销禁用糖精的提议。2000年美国国家环境健康科学研究所也建议将糖精从人类致癌物名单中去掉，美国国会在这一年也通过决定不再要求标明糖精可能致癌的警告。世界卫生组织的国际癌症研究机构也认为无足够证据表明糖精钠作为甜味剂使用时是人类的致癌物，因此不把糖精钠列为人类致癌物。

蔗糖素又名三氯蔗糖，是一种新型的人造甜味剂，是由蔗糖转化而来的，甜味大约是蔗糖的600倍，味道与蔗糖相似，但不含热量。FDA在1998年批准蔗糖素上市之前，参照了110多项实验数据，未能发现它具有诱发癌症、生殖系统和神经系统等方面的毒性，因此认为它对人类是安全的。■

# 105 低热量可乐中使用的代糖是否会损害健康？

为了降低热量，低热量可乐中使用了阿斯巴甜、甜蜜素、安赛蜜、纽甜、糖精、三氯蔗糖等高甜度甜味剂代替蔗糖。只要按照GB 2760—2011标准添加，是不会损害人体健康的。

阿斯巴甜，又称甜味素，1996年美国食品及药物管理局（FDA）批准其可用于所有食物。但由于阿斯巴甜经过消化后可降解成苯丙氨酸，而苯丙酮酸尿症患者不能吃含苯丙氨酸的食物，所以FDA要求含阿斯巴甜的食物必须标明“含有苯丙氨酸”。在我国，阿斯巴甜属于可在各类食品中按生产需要适量使用的食品添加剂。

甜蜜素通常是指环己基氨基磺酸的钠盐或钙盐，属于非营养型合成甜味剂。1982年，Abbott实验室和能量控制委员会研究证明了甜

蜜素的食用安全性，许多国际组织也相继明确表示甜蜜素为安全物质，但FDA至今还严格限制其使用。尽管如此，仍有许多国家（包括中国）允许甜蜜素的使用。

安赛蜜（AK糖）为新型无热量甜味剂。经动物实验及志愿者人体代谢研究，表明安赛蜜具有广泛的安全性。FAO/WHO联合食品添加剂专家委员会将安赛蜜用作A级食品添加剂，1988年FDA批准安赛蜜在食品中使用，1998年FDA批准其在软饮料中使用。中国于1992年批准用于多类食品。

纽甜的甜味纯正，清新自然。作为一种功能性甜味剂，纽甜对人体健康无不良影响，可供糖尿病人食用，并可促进双歧杆菌增殖。2002年美国FDA允许其应用于所有食品及饮料。欧盟于2010年正式批准其应用。我国卫生部2003年也正式批准纽甜为新的食品添加剂品种，适用各类食品生产，属于可在各类食品中按生产需要适量使用的食品添加剂。■

# 106 进口食品中的食品添加剂是否安全性更高？

不能说进口食品使用的食品添加剂安全性更高。为保护消费者健康和保证公平贸易，联合国粮农组织(FAO)和世界卫生组织(WHO)联合建立国际食品法典委员会(CAC)，作为政府间国际组织，其负责协调、制定的国际食品标准、准则和建议，统称为“食品法典”；其制定的食品添加剂的使用标准是《食品添加剂通用法典标准》(GSFA)，是非强制性标准，不强制要求所有国家采用。

世界各国、各地区对在当地生产、销售的食品中所用食品添加剂都有严格的管理制度以及安全风险评价方法。即进口食品应该符合进口国的食品添加剂相关管理规范。但是，会出现在这个国家可以使用的食品添加剂，而在另一个国家却不能使用的问题。这是因为：

① 各国对某一食品添加剂的需要与使用有差异。

例如，过氧化苯甲酰在美国可以作为面粉处理剂使用，但是我国自2011年5月1日起，禁止在面粉生产中添加过氧化苯甲酰，认为无技术的必要。

② 各国都采用使用申报制度，如果没有申报，即没有评审。

例如，2009年5月，上海市质监局发现味千拉面公司违规使用山梨糖醇（液），丙二醇的使用量超过我国GB 2760—2007允许范围。但是，随后经使用单位申报，GB 2760—2011已允许山梨糖醇（液）

和丙二醇用于生湿面制品（如面条、饺子皮、馄饨皮、烧卖皮）中，最大用量分别为30.0g/kg和1.5g/kg。据此，味千拉面公司就不存在违规问题。

显然，没有批准的食品添加剂不一定就不安全。我们国家批准了而其他国家没有批准使用的食品添加剂，就认为该食品添加剂不安全，也是错误的。所以，不能说进口食品使用的食品添加剂更安全。■

# 107 为什么涉及食品添加剂的食品安全报道越来越多？

近年来，大众媒体上涉及食品添加剂的食品安全报道越来越多，这是由多方面的原因引起的。

首先，随着我国经济的迅猛发展，人们注重生活质量的提高，对健康的追求蔚然成风。在食物日益丰富的今天，吃得健康、吃得安全已成为首要的考虑问题。因此，任何有关食品安全的报道都会受到社会的广泛关注。

其次，食品安全危害有生物性危害、化学性危害和物理性危害三大来源，其中化学性危害最容易导致人们产生恐慌情绪。食品添加剂属于化学性添加物质，滥用食品添加剂对人体健康的危害更容易引起人们的警觉。

当然，由于缺乏相关的食品科学普及教育，消费者对食品添加剂的认识和了解并不全面，往往会将媒体报道的违法使用非食用物质的食品安全事件，归罪于食品添加剂。但不容否认的是，确实有一些缺乏诚信的不良企业，为了追逐利益置消费者的健康于不顾，违背食品添加剂的使用原则，用食品添加剂来掩盖食品的腐败变质或质量缺陷，甚至以掺杂、掺假、伪造为目的而使用食品添加剂，或者使用已经被国家标准禁止的食品添加剂，或者超范围、超量使用食品添加剂，成为违法使用食品添加剂的害群之马。对于这些给整个食品添加剂行业抹黑的生产厂商，应该给予严厉惩处。■

## 108 长期食用含有食品添加剂的食品是否会危害人体健康?

不会危害人体健康。食品添加剂的主要作用是：改善食品品质，提高食品质量，满足人们对食品风味、色泽、口感的要求；提高食品的加工效率，使食品加工制造工艺更合理、更卫生、更便捷；防止食品腐败变质，延长食品保质期，减少损失，在极大提高食品品质和档次的同时，为消费者提供各种各样价格合理、品质稳定的食物。食品添加剂已经进入糕点、饮料、乳制品、肉类等食品加工领域，不用食品添加剂的食品几乎没有。各种食品添加剂能否使用、使用范围和最大使用量，我国都有严格的规定并受法律制约。已批准使用的食品添加剂都是经过了安全性评价，经长期毒性试验证明其没有危害。在使用食品添加剂之前，相关部门都会对添加剂成分进行严格的质量指标及安全性的检测。完善的审批程序和监督机制都是保证食品添加剂安全的重要保障。因此，只要按国家规定标准使用食品添加剂生产的食品，对人体健康没有危害。

食盐中有氰化钾吗?

更多关注

# 109 为什么人们总是怀疑食品添加剂的安全性？

在中国，一谈到食品安全，很多人就会说到食品添加剂，人们总是怀疑食品添加剂的安全性，误认为食品安全问题就是食品添加剂造成的，这其中的原因是多方面的。其中最主要的原因是非法添加物让食品添加剂背了黑锅，尽人皆知的三聚氰胺、苏丹红、吊白块等根本不是食品添加剂，都是非法添加物。因此，必须把食品添加剂和非法添加物区分开来，严厉打击食品非法添加行为。

另外一个原因是很多人对食品添加剂缺乏正确的理解和认识。食品添加剂是指为改善食品品质和色、香、味以及为防腐、保鲜和加工工艺的需要而加入食品中的人工合成或天然物质。我国对食品添加剂

的生产和使用实行许可制度，只有确有必要使用、经过安全评价确认安全可靠并经过我国政府批准的才是许可使用的食品添加剂。即便是允许使用的食品添加剂，也必须合法使用，不能超范围、超量使用。2011年4月，中央电视台曝光了上海多家超市销售的玉米面馒头中没有加玉米面，是由白面经柠檬黄染色制成的。柠檬黄是一种允许使用的食品添加剂，可以在膨化食品、冰淇淋、可可玉米片、果汁饮料等食品中使用，但未允许在馒头中使用。“染色馒头”事件除了是一种欺骗消费者的造假违法行为外，也是一个典型的超范围使用食品添加剂的违法事件。

迄今为止，我国对人体健康造成危害的食品安全事件没有一起是由合法使用食品添加剂造成的，这是不争的事实。我们不应该怀疑和排斥食品添加剂，而是要完善食品添加剂相关的法律、法规和标准，加强监测监管，丰富我国食品添加剂的品种，合理合法使用食品添加剂。■

## 110 不添加防腐剂等食品添加剂的食品是不是更安全呢？

不含防腐剂等食品添加剂的食品更不安全！

由于消费者越来越关注食品安全问题，一些厂商在果汁及其饮料、茶饮料、罐头制品、调味品、蜜饯干果制品等的外包装上标注了“本品不含防腐剂”、“本产品不添加任何食品防腐剂”等字样。误导消费者认为标有“不含防腐剂”字样的食品更安全，有的人甚至以为这是国家新出台的强制性政策。而食品标签和媒体广告频繁出现的“本品绝对不含防腐剂”、“不含任何食品添加剂”字样，也在一定程度上引起消费者对食品防腐剂等食品添加剂的恐惧，许多消费者开始担心防腐剂等食品添加剂会危害健康，从而追捧标有“不含防腐剂”字样的食品。

目前全世界范围内，因食用致病微生物污染的食品引发疾病是食品安全头号问题，如果不使用防腐剂、保鲜剂，肉制品、焙烤食品、方便食品、水果，甚至酱油和醋等很容易被致病微生物污染，食用后就会对人体健康造成危害。

从食品保藏原理来看，部分食品如罐头食品、高温杀菌或无菌包装的果汁饮料、水分很低的果干或蔬菜干、罐头瓶装的调味料等确实不需要防腐剂。但不加防腐剂的包装食品在打开后未及时食用完这段时间很易招致微生物的生长繁殖而导致食品腐败，如果再食用则就是不安全了，这亦是调味一类食品在开瓶后必须放在低温下的道理。更加常见的如肉制品中加有硝酸盐可以起到很好的抑菌作用，使肉加工品不易腐败。

食品添加剂在维护食品安全方面发挥着不可替代的作用，没有食品添加剂也不可能有食品安全。合法使用食品添加剂不仅是安全的，也是必要的。丑化食品添加剂、迁怒于食品添加剂不但解决不了食品安全问题，反而会使食品安全问题的解决误入歧途。■

## 111 食品添加剂是让食品美味而对身体有害吗？

食品添加剂是食品生产加工过程中使用的重要物质，对食品工业发展和保障食品安全具有重要作用。其中，各种食品添加剂是为了使食品更加美味可口，合理地添加使用，不会对人体健康造成危害。

食品添加剂的使用原则，首先就是确保对人体不产生任何健康危害，也正因为如此，国际和国内对食品添加剂的安全性审批和确认非常严格，并制定了食品添加剂使用的食品安全标准，规定了食品添加剂的使用原则、允许使用的食品添加剂品种、使用范围、最大使用量或残留量。

我国的食品添加剂使用标准在修订过程中，比较充分地吸收了国际食品法典委员会、美国、欧盟、加拿大、澳大利亚等国家的先进成果，广泛征求了有关专家和部门、行业协会及企业的意见，系统开展食品添加剂的安全检测和风险分析，提高标准制定的适用性和先进性。

按照GB 2760—2011的规定，合理地使用食品添加剂，不仅能够让食品美味，而且是安全可靠的。■

# 112 食品中添加食品添加剂是导致目前癌症病人增多的原因吗？

目前还没有发现食品中的食品添加剂与人群癌症发病率有关。导致癌症发病率升高的原因有很多，主要有大气和环境污染、吸烟、非食品添加剂的化学污染物、不健康饮食、衰老、病毒性肝炎等。食品中添加食品添加剂不是导致目前癌症病人增多的原因。GB 2760—2011对食品添加剂的允许使用品种、使用范围以及最大使用量或残留量都有明确规定。标准中的食品添加剂品种和用量的确定都有科学依据，是经过系统的毒理学评价和严格的风险评估，这些措施都确保所使用的食品添加剂是安全的。在标准规定的条件下，食品添加剂不会产生致癌作用。对于“食品中的食品添加剂是导致目前癌症病人增多的原因”的说法，没有科学数据的支持。随着科学和技术的发展，一旦有科学研究发现某种或某复合食品添加剂有“潜在致癌性”，国家食品添加剂监管机构就会采取相应措施，停止其进一步使用。■

# 113 食品添加剂添加过量了就一定对身体有害？

食品添加剂添加过量不等于食品添加剂摄入过量，也没有证据确定食品添加剂摄入过量会导致疾病。GB 2760—2011对食品添加剂的允许使用品种、使用范围以及最大使用量或残留量都有明确规定。食品添加剂的使用量是经过系统的毒理学评价和严格的风险评估来确定的。常常以无作用剂量为基础，再除以100（也就是再增加100倍的安全系数）所得到的用量作为可接受的每日允许摄入量。之后还要经过风险评估最后确定使用量。因此，规定的食品添加剂使用量远大于对身体有害的剂量。在标准规定的条件下使用食品添加剂不会对身体产生有害作用。

但是一些食品添加剂的经营者、使用者缺乏食品添加剂的卫生及安全意识，有些中、小型厂家设备陈旧简单，缺乏最基本计量、搅拌设施，造成食品中添加剂含量严重超标。中央电视台报道的“四川泡菜”过量添加苯甲酸钠就是典型的例子。

因此，消费者购买食品时尽可能选择信誉好的品牌和商家，正规厂家生产的食品，一般会严格按照国家标准使用食品添加剂，这些食品都会在配方表中标明使用食品添加剂的种类和用量，不会发生食品添加剂超标的问题。

由于只有长期超量很多、摄入量较大且摄入次数较多时，才有可能对身体出现有害作用。如果消费者仍有疑虑，建议不要长期单一食用某种食品。■

## 114 为什么有人说食品添加剂对人体有害，却还要使用？

按规定使用食品添加剂对人体无害，今后还要使用。食品添加剂是为改善食品品质和色、香、味，以及为防腐、保鲜和加工工艺的需要才人为加入食品中的。现在市场上可以买到上百种来自各地的琳琅满目的食品，这些食品一些可通过一定的包装及不同加工方法达到货架期的要求，但多数都不同程度地添加了食品添加剂，正是食品添加剂发展，才有大量的方便的食品供应，才给人们的生活带来极大的方便。如果真的不加入食品添加剂，大部分食品要么难看、难吃或难以保鲜，要么就是价格较贵；某些食品如果不使用防腐剂更有危害性，它不仅会造成大量食品因腐败而损失，还会因微生物作用而引起食物中毒。因此，没有食品添加剂就没有现代化的食品企业及产品。

食品添加剂也好，还是其他的产品也好，它们是否有毒性？除与该产品本身的化学结构和理化性质有关外，还与其有效浓度、作用时间及机体的机能状态等条件有关。就说白糖吧，如果天天高浓度摄入，或每天都大鱼大肉的，其危害是可想而知的。所以某一些成分能否作为食品添加剂，除要达到食品添加剂的功能要求及严格的安全性评价外，还规定了安全用量和使用范围。

因此，说食品添加剂对人体有害，是不正确的或片面的。只要按GB 2760—2011要求使用，就目前的认识水平，还没有发现对人体有害之说。■

# 115 我国发生的食品安全事件中哪些涉及了食品添加剂？

到目前为止，我国还未发生过一起因合法使用食品添加剂而造成的食品安全事件。我国发生的食品安全事件中真正涉及食品添加剂的食品安全事件很少，而且涉及食品添加剂的事件都是由于未按我国GB 2760—2011中对食品添加剂的规定使用。

（1）上海染色馒头事件　2011年4月，中央电视台曝光了上海多家超市销售的玉米面馒头中没有加玉米面，而是由白面经柠檬黄染色制成的。我国GB 2760—2011规定：柠檬黄是一种允许使用的食品添加剂，可以在膨化食品、冰淇淋、可可玉米片、果汁饮料等食品中使用，但未允许在馒头中使用。“染色馒头”事件除了是一种欺诈消费者的违法行为外，也是一个典型的超范围使用食品添加剂的违法事件。

（2）蒙牛特仑苏OMP牛奶风波　2009年的蒙牛特仑苏OMP牛奶风波，就是因为在牛奶中添加了牛奶碱性蛋白（MBP）造成的。MBP这种食品添加剂已获得了美国和新西兰政府的使用许可，但我国当时尚未允许使用。

（3）红牛饮料事件　2011年2月8日，黑龙江电视台法制频道《“红牛”真相》报道称，红牛饮料存在标注成分与国家批文严重不符、执行标准和产品不一致，以及违规添加胭脂红色素等一系列问题。

在GB 2760—2011的食品分类系统中红牛饮料属于特殊用途饮

料（包括运动饮料、维生素饮料等），胭脂红没有被允许在特殊用途饮料中使用。因此，红牛饮料属于违规使用食品添加剂。但是，胭脂红是安全的色素，违规使用胭脂红不一定会造成危害。而且，国家规定了红牛饮料的每日饮用量（不超过2罐），所以安全风险很低。在2011年4月20日前，在红牛饮料中使用苯甲酸钠也是违规的。2012年1月13日卫生部2012年1号公告批准苯甲酸钠用于特殊用途饮料。说明违规使用不一定会造成健康危害。■

## 116 哪些食品添加剂对特殊人群有不利影响?

GB 2760—2011中唯一明确指出可能会给某类特殊人群造成影响的食品添加剂是甜味剂阿斯巴甜。阿斯巴甜的化学名称为天冬氨酸苯丙氨酸甲酯，是由天冬氨酸和苯丙氨酸合成的。苯丙氨酸（PA）是人体必需的氨基酸之一，正常人每日需要的摄入量为200 ~ 500mg，其中1/3供合成蛋白，2/3则通过肝细胞中苯丙氨酸羟化酶（PAH）转化为酪氨酸，以合成甲状腺素、肾上腺素和黑色素等。

苯丙酮酸尿症（PKU）是由于肝脏苯丙氨酸羟化酶(PAH) 缺乏或活性降低而导致苯丙氨酸代谢障碍的一种遗传性氨基酸代谢疾病。属于苯丙氨酸代谢途径中的酶缺陷，导致随食物摄入的苯丙氨酸不能转变成为酪氨酸，引起苯丙氨酸及其酮酸蓄积并从尿中大量排

出。在遗传性氨基酸代谢缺陷疾病中比较常见，该病遗传方式为常染色体隐性遗传。其发病率随种族而异，美国约为1/14000，日本1/60000，我国1/16500。主要临床特征为智力低下、神经症状、湿疹皮肤抓痕症及色素脱失和鼠气味等脑电图异常。如果能早期诊断和早期治疗，则上述临床表现可不发生智力低下，脑电图异常也可得到恢复。

因此GB 2760—2011规定添加阿斯巴甜的食品应标明："阿斯巴甜（含苯丙氨酸）"。

另外，过量的二氧化硫会使胸部感到不适，对呼吸道黏膜有强烈的刺激作用。所以，硫黄、二氧化硫、亚硫酸盐等含硫食品添加剂在婴幼儿食品中禁止使用；在可以添加的食品中也有严格的最大使用量和残留量的规定，以避免对人类健康产生危害。■

# 117 天然的食品添加剂就比人工合成的食品添加剂安全性高吗？

天然的食品添加剂并不比人工合成的食品添加剂安全性高。它们的本质都是化学物质，只是来源不同。一般来说，人工合成的添加剂纯度较高、成分单一、稳定性较好、价格较低，因此被广泛使用。此外，人工合成的食品添加剂要经过严格的毒理学评价，它的规定的用途和剂量都应该是安全的。

以天然原料加工的食品添加剂会不会引起食品安全问题呢？这要从三个主要方面来考虑。其一是所用的天然材料是不是食用或药食两用的？其二是提取的成分其结构及性质改变了没有？其三是加工过程中所用的试剂有残留没有？

一般来说，如果所用的原料是食用或药食两用的，又没有改变其结构和性质，也没有任何非食用成分残留，或残留量在安全值范围之

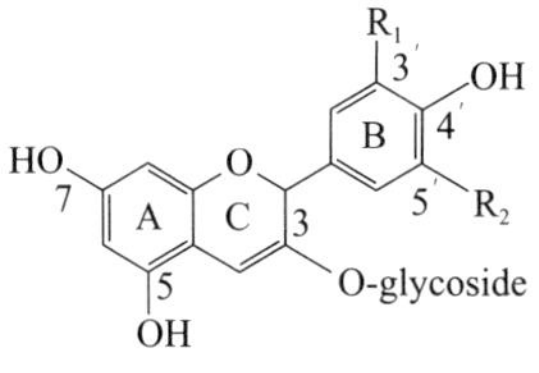

| $R_1$ | $R_2$ | Anthocyanidin |
|---|---|---|
| OH | OH | Delphinidin |
| OH | H | Cyanidin |
| $OCH_3$ | OH | Petunidin |
| $OCH_3$ | H | Peonidin |
| $OCH_3$ | $OCH_3$ | Malvidin |

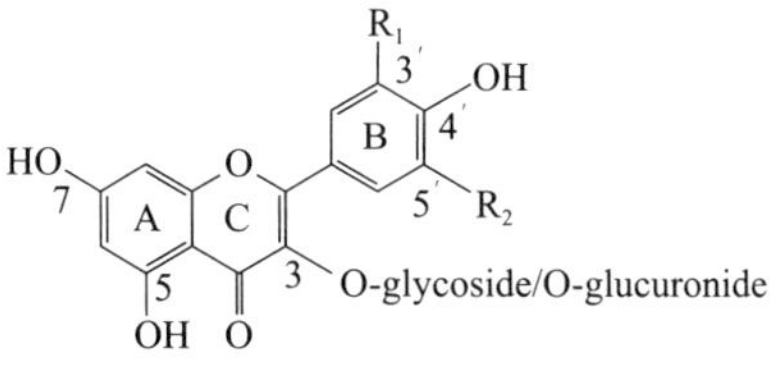

| $R_1$ | $R_2$ | Flavonol aglycon |
|---|---|---|
| OH | OH | Myricetin |
| OH | H | Quercetin |
| $OCH_3$ | OH | Laricitrin |
| $OCH_3$ | H | Isorhamnetin |
| $OCH_3$ | $OCH_3$ | Syringetin |
| H | H | Kaempferol |

内，那么这类天然的食品添加剂是安全的。否则，在用作食品添加剂之前，也要像人工合成的产品一样，要进行严格的安全性实验。

从毒理学的角度，一个化学物的生物活性（包括毒性/安全性）取决于它的化学结构。天然的与人工合成的食品添加剂如果其化学结构相同，那它们的生物活性也应该相同，也应具有相同的安全性。另外，在比较天然的与人工合成的食品添加剂时，要注意它们是不是同一种化学物质。例如，在食品添加剂使用标准中列举出的允许使用的食品用天然香料名单和合成香料名单就有许多不同。名单中列举的天然香料多为提取物，而合成香料则为化学纯品，它们在化学组成和结构上都是不同的物质。因此不能简单地比较谁的安全性高。■

# 118 为什么一定要使用人工合成食品添加剂？

根据GB 2760—2011，食品添加剂可以是从天然产物中提取的天然物质，也可以是人工合成的物质。人工合成食品添加剂就是采用人工合成的方法生产的食品添加剂，此食品添加剂可以是自然界中天然存在的，也可以是还没有在自然界中找到的。

人类使用人工合成的食品添加剂是因为有几个不能克服的困难：

① 天然产物在自然界中含量很低，总量不能满足人类的需要，因此，不得不采用人工合成的方法大规模制备；

② 天然产物在自然界中含量很低，现有技术从天然原料中获得该物质的成本太高，不具备商业化生产和使用的条件，通常相同纯度要求时，人工合成方法比天然成分提取法要简便、成本低，更易于大规模生产；

③ 天然产物的性能不能满足食品加工制造的需要，人类需要获得性能符合要求、安全性好的食品添加剂，而纯度不高的天然产物可能会造成对安全危害的误判，甚至会使危害倍增。所以，天然的不一定更安全。

与天然食品添加剂相比，人工合成的食品添加剂还具有质量稳定，价格波动小，生产不受气候、环境等地域条件的限制，保证稳定供应等优点。■

# 参考文献

[1] (日) 株式会社学研教育.动物的行为[M].长春:吉林文史出版社，2011.

[2] 王继峰.生物化学[M].北京 : 中国中医药出版社， 2007.

[3] 张敬银，刘玉启，王峰.现代小儿疾病临床指南[M].北京: 中医古籍出版社， 2009.

# 参考标准

[1] GB 2760—2011《食品安全国家标准　食品添加剂使用标准》（书中简称GB 2760—2011，后缀为版本年代标号，如2007版编号为GB 2760—2007，下同）

[2] GB 14880—1994《食品营养强化剂使用卫生标准》（书中简称GB 14880—1994）

[3] GB 26687—2011《食品安全国家标准　复配食品添加剂通则》（书中简称GB 26687—2011）

[4] GB 7718—2011《食品安全国家标准　预包装食品标签通则》（书中简称GB 7718—2011）

[5] GB/T 17204—2008《饮料酒分类》（书中简称GB/T 17204—2008）

[6] GB 2760—2014《食品安全国家标准　食品添加剂使用标准》（书中简称GB 2760—2014）

注：有关上述标准2012年1月以后的修改请读者查阅卫生部官方网站：www.moh.gov.cn

# 索引